健康百寶箱23

給生命奇蹟的H.G.H.

『Human Growth Hormone 人類生長激素』

生化科技專家
李邦敏◎編著

導言

近幾年來，研究抗老化、延長生命年限的醫學報導如雨後春筍般蓬勃發表出來。以最近公元 *2000* 年 *9* 月 *1* 日美國權威的 *Science*（科學週刊）就正式發表了科學家們以線蟲為對象，利用 *SOD mimetics*（超氧化分歧酵素模擬物）能有效延長其壽命達到 *44* ％～ *67* ％之久。這證明了生物壽命的長短，是因受到生物體內自身氧化所引起的老化作用而影響，但卻又可以藉著 (*pharmacological intervention*) 藥理上外來干預經由 *SOD* 的抗氧化作用而逆轉。

研究生物老化的學者們，近 *10* 年來各種的假說經一而再的檢討與印證，幾乎已經明確的指出老化的主因，就是「自由基」這種無所不在的危險分子；它在體內生成後就開始攻擊 *DNA* 、細胞膜，並引起蛋白質、脂質的

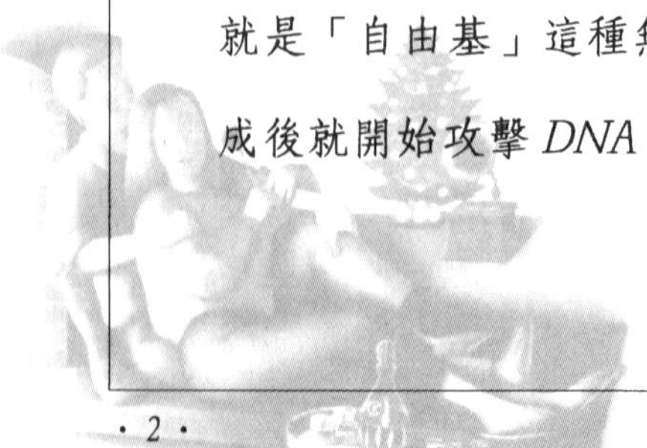

一連串分解連鎖反應，使細胞產生變異、死亡。而我們每一個人一天 24 小時，總共要呼吸約 2,500 公升的空氣，其中 1/5 是氧氣，也就是說有 500 公升左右的氧進到人體內產生氧化作用。而氧化作用產生能量主要在細胞粒腺體裏面。只是這每天 500 公升的百分之一到二左右的氧氣在氧化過程中會產生瑕疵，由粒腺體溢出，變成了自由基這種有害的物質，這是最大最主要的自由基來源。人體免疫細胞為了迎戰細菌、病毒、癌細胞，也會不得已生產一些自由基作武器來抗敵，這是體內自產的次要來源。除此之外，紫外線、二氧化硫、臭氧、吸煙、酒精、殺蟲劑、有機溶劑、放射線、電磁波以及工作壓力等等，也會誘發身體產生自由基來造成身體的損害。

人體內要消除這些有害物質的方法是生產 SOD 酵素來化解它們，這些 SOD 酵素都是蛋白素的組成，而本書

主角的 HGH，正是誘導身體合成各種蛋白質類酵素的重要荷爾蒙物質。有趣的是 HGH 在人體的分泌量與 SOD 的合成量，都是在 20 歲左右達到最高峰，接著隨著年齡的增加而逐漸減少。SOD 活性，在 40 歲的人只有 20 歲年輕人的一半左右，到 65 歲又變成只有 40 歲的二分之一。粒腺體有如是人體的發電廠，自由基這些發電廢料有毒物若沒有足夠的 SOD 來清除，粒腺體效力受影響，人的體力體能就下降了。像近日正舉辦奧運，創造紀錄的選手都是在 20 出頭的巔峰期；以我國桌球女國手陳靜小姐，拿到奧運金牌時正年輕，四年前復出能拿到銀牌已不容易，如今以她的年齡還能力拚到銅牌，就已經是非常難能可貴了；所謂歲月不饒人，一點也不假！運動選手比一般人消耗更多的氧氣，同時自由基的產生也相對的比一般人多；因此，體內之 SOD 的供給也要充足才能應付得來，否則累積過多的自由基排不出去，會造成病變。有些人天生體力體能好，他們身體內 SOD 的活性

一定比較高，而這些體質又都由母親所遺傳下來；受精卵中的粒腺體是卵子提供的，精子並沒有帶粒腺體過來，所以一個人的體能可以說在受精的一刻已經定了型，這是很現實的事。粒腺體是另外一個生物與人的細胞共生寄宿的關係，其遺傳另有一套系統；而父母雙方 *HGH* 的基因，照目前所知是在第 *17* 號染色體長臂中一小段，這段是掌握各種人體蛋白質（包括各種酵素、激素）的合成極重要的一段基因，諒它能全方位地提高包括 *SOD* 在內的各種酵素合成的活性。

藉著 *HGH* 來提升人體自然抗氧化酵素活性，就能阻止老化的速度，這是本人在事先閱過本書原稿的個人見解。因為基於本人長期對抗氧化物多年研究的心得，發覺一個人的青春活力和清除自由基的能力是成正比的，故補充 *HGH* 來促進自體 *SOD* 生合成能力或者補充 *SOD mimetic* 這種人工合成的強力抗氧化劑來消除自由基，是

防止老化、恢復青春的不二法門。

　　本書提到一些新的人體傳輸系統，係針對一些活性的蛋白質酵素類。若以口服方式，常被消化道中的蛋白分解酵素破壞掉而失去活性；以舌下粘膜細胞間毛細管的滲透方式吸入體內，是頗為開創性的發展，這與生化學者開發的一些同功異構的所謂酵素類似物或酵素模擬物 (*enzyme-like, enzyme mimetic*) 等能經由口服後，在消化道中不被蛋白酵素分解而吸收到人體內的方法，有異曲同工之妙。總之，人類追求青春的動機只要繼續存在，科學家們皆會針對這個龐大無匹的商機全力以赴。台灣生物科技在全球的研發水準還算不差，只要繼續投入技術、資金；相信生物科技會繼資訊工業帶給台灣經濟更繁榮，同時也使大家的身體更健康，生活更幸福！

　　　　資源微生物研究所　所長

　　　　　　理學博士　林慶福　於 *2000/10/10*

　　　　　　　　林慶福博士為
　　　　　　　　統一企業集團高級顧問
　　　　　　　　國際著名工業酵素權威

編著者註:

biomimetics（生物擬態）是一種技術，它是一個以生物的高度功能為研究對象，並製造出與它相似的模仿人工物質，是屬於化學範圍。自 *1972* 年美國哥倫比亞大學的 *Ronald Breslow* 率先提倡生物擬態化學開始，先將酵素反應匯總成一固定摸式，然後以化學方法重現此反應的一種研究。像將部份生物體成份與人工素材相組合，這種 *hybridization*（混交）就是生物擬態的科學一環。

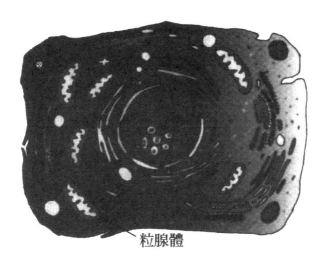

粒腺體

補充HGH抗老化

賴文明

　　由於個人從事內分泌方面醫療工作，算來也有一段時間了。在這幾年中，接觸了各年齡層中各種不同行業的患者；深深感覺在現在這個高度工商化的資訊時代中，各種有形無形的壓力一直像排山倒海般衝擊著這個社會的每一個人，特別是現代一般民眾又較缺乏運動，飲食控制也不當。因此，要充分適應這種環境，保持自己的身心健康，實在有必要多充實一些基本的醫療、生化的常識。

　　近年來，基因科學的突飛猛進，許多前所未明的疾病皆得以藉這些科技的進展而獲得治療。甚至從身體器官的更換，進展到複製人的階段。我們皆知道，生物皆有老化的現象，這種大自然的法則，千古不變。但由於人類的聰明才智，藉著生命科學的研究，已經大致確定

了人類老化的主要機制。這些老化的原因,大致上有自由基破壞的學說,它可以藉助於各種抗氧化劑來克服;另外是染色體端粒消耗學說,這些則有賴開發端粒酵素來延長其長度,以維持染色體不因崩壞而令人老化死亡;本書主要內容是由近來極為受大家矚目的生長激素,這種荷爾蒙減少學說來解明老化機構,並說會能藉著補充 HGH 使人抵抗老化,且能回復年輕;這是目前唯一能逆轉人類肉體年齡的一種作用,從 1990 年美國的路德曼醫師開始發表以後,就非常受大家的注意,也開啟了抗老化醫學的新領域。

荷爾蒙是一種非常小的化學物質,在內分泌系統中,通常以 nanogram(十億分之一公克)來計量;雖然如此,它卻是人類身體維持正常運作極為開鍵性的控制開與關的傳令者。本書中特別提到的 HGH(人類生長激素)更是其中最為重要的一種激素。書中說明當 HGH 與

人體各種荷爾蒙分泌的適量與平衡，是保持青春活力的重要關鍵。每 3 年，人體約 60 兆個細胞有 9 成會更新，只有神經系統，心肌細胞保持不變，但這些不更新的細胞，也需要補充蛋白質來儲存資訊與修護；而以上工作，全部要 HGH 來參與，故 HGH 之重要自不在話下！

　　本書作者由基礎生命的組成單元細胞開始，再談到基因的種種發現，進而介紹人類最重要的內分泌腺體——腦下垂體，讓讀者由淺入深，非常簡潔明快。只要循序讀下去，在看完了最後一頁，應該能對人體內分泌中的 HGH，這個總指揮有一個清楚的了解。

　　本書提到的人體傳輸系統，也是目前醫藥界極為熱門研究的課題，傳統的打針注射是一般病患所認為治療中最感到不舒服的一件事，口噴式舌下黏膜吸收方式的成功，是怕打針一族的福音。藉著作者提供的一些新生化科技資訊，使我們更了解自己身體是多麼珍奇與精

緻，也感嘆造物者神奇的創造。

　　個人認為要保持青春與活力，必需經常運動，同時對飲食也要多所節制。各人要控制自己的情緒，適當舒解各種壓力，保持正常的睡眠，使體內 *HGH* 的分泌充分發揮；倘若缺乏 *HGH* 之故需要補充，也要和自己的內分泌科醫師諮詢個人之身體情況，再酌與補充，才是防止老化促進身心健康的正確作法。

新光吳火獅紀念醫院內分泌暨糖尿病科主任
賴史明醫師謹序 *2000/10/10*

賴史明醫師為
國內甲狀腺，糖尿病臨床權威醫師

"瓶中的整形外科" －HGH

做為一位整形、美容外科醫師，多年來，除了為一些先天顏面缺陷或受傷的人整形之外，也為一般需要美容的人進行手術。個人在這多年來的美容整形外科的領域裡，觀察了每位前來諮詢有關美容手術的人，他們對於自身日漸老化，身體外觀的改變、體力的衰退等等，所表現出欲給予改善或能將之遲緩下來之期待，皆現出急切之情。 固然，經由整形美容外科的手術，如眼皮的手術、臉部的拉皮以及各式各樣的雷射治療，還有種種的皮膚保養等，確實可以幫助一個人在外表上看起來更年輕，恢復其原來青春的模樣；可是對於一個人在生理上的衰老，仍然無法幫助他停止老化一分一秒鐘。

醫學上對於老化的研究，由渾沌中日漸理出一些頭緒。目前在醫學上較為明朗可接受的論說為自由基（*Free*

Radical）對人體老化的影響。近年來，由於分子生物學與基因工程的進步，對染色體裡的祕密，也一步一步的將之揭開。希望不久的將來，能將控制人體老化基因的秘密，完全給予解明。

何時能揭開人體老化的基因之謎，仍在未定之天。在已知的人類生理上的變化及衰退，常常是由於身體內分泌失調或是衰退所引致。而許多內分泌腺體的機能卻是由腦下垂體所分泌的釋放激素在控制著。腦下垂體所分泌的激素中以生長激素（*Growth Hormone, HGH*）最為顯著及重要。它控制人體的生長、新陳代謝等一連串的生化反應。近年來一些研究學者更發現 *HGH* 對於抗衰老扮演極重要的角色，又有些研究發現 *HGH* 在體內還可以影響人的情緒。因此，醫學專家們認為，如果維持或補充身體內適量的 *HGH*，就可以讓我們保持在最佳生理狀況，同時能延遲身體的老化。

在藉由美容外科手術，讓一個人外表顯得更年輕的同時，如果能夠再經由身體內部各種激素分泌的調適，使體能也相對如其外表一樣達到真正的年輕化；這是身為一位整形外科醫師的我，能為這些需要美容的人，帶來真正的青春長駐，這也是我個人在醫療上最大的期待。

在歐美有些人，由於 *HGH* 所能帶給人年輕化的效能，而戲稱 *HGH* 為「瓶中的整形外科」（*Plastic Surgery in a Bottle*），擁有極多的愛用者。此次藉由邦敏兄，在研讀許多有關的文獻後，將之整理、貫通後，並以深入淺出又迴避艱深的醫學名詞、術語來寫下本書。讓一般讀者也能了解自己身體生理上，內分泌是如何運作，特別是 *HGH* 對身體的影響，以及我們為何會老化，如何預防老化等等，理出一個關係來，讓讀者皆能開卷閱來平順通暢，且易於了解。這次應其要求，特為之序。

長庚紀念醫院台北美容外科中心主任
翁昭仁醫師　*2000/10/10*

翁昭仁醫師為
中華民國東方美容外科醫學會會長 (1996-1998)
國內整形美容外科權威醫師

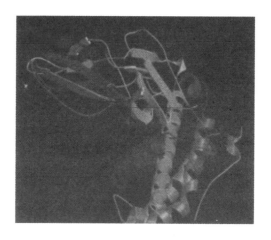

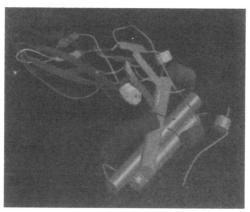

細胞表面 HGH 的受體蛋白質，其 3D 立體結構圖示。研究這種蛋白質資料庫愈充實，只要改良或修飾一部份構造，就能強化其功能與活性。

編著者序

　　由於從事生物科技事業的友人，從美國帶來一種口噴式補充 HGH（人類生長激素）產品，送我一瓶試用，並附了一些歐美各國近幾年有關資料給我參考；幾經詳研後，再上網查詢諸醫療網站，並請教內分泌科的專業醫師，基本上它負面的報導很少，有副作用皆是超大劑量（數百～數千倍）為健身比賽者濫用所引起的。像這種低劑量，以誘導腦下垂體分泌自然 HGH 的口噴式產品，皆為胺基酸成份，都是屬於營養物質；既然安全無慮就謹慎的開始試用這號稱「瓶中的青春泉」、「瓶中的美容手術」、「最自然的整型外科」的小小 HGH。

　　短短用一個月，個人就深深感覺得到到它溫和的後勁『能量』，以前下午閱讀書刊都較累；但現在連續閱讀書刊三～五個小時還感覺不到累，好像當初讀大學時

的情況！每晚睡眠都很沉，但早上天一亮就精神飽滿、
體力較佳，記憶力又恢復年輕時的水準，真正是一個震
撼！接下來第二個月，洗完頭吹乾頭髮的時間覺得長了
起來！老友見到我說我頭髮比上次見面黑亮很多，我實
在沒想到 HGH 竟然有此功力！寫本書時雖體重只少一公
斤，褲帶卻又緊了兩格，身材變苗條些；我為了怕長期
使用有依賴性，故曾停用一星期，結果並無不良之反
應；比沒喝咖啡造成的影響還微小。這些效果改變竟然
與歐美各國的許許多多研究報告資料相符合，真是令我
感到興奮。我並非追求長生不老之徒，也絕對尊重人類
身理變化（生、老、病、死）的大自然法則；但 HGH 提
供我更多精力與腦力，對我而言是求之不得的一件事！

　　近來閱讀未來學大師約翰・奈思比 1999 年尾近作
《 HIGH TECH ・ HIGH TOUCH 》（高科技、高思
維）一書中，特別提到「遺傳學者」是下個世紀的新探

險家；因為基因技術的進步將壓倒包括資訊科技在內的其他科技。核能使人類擁有摧毀地球的能力，但是基因技術卻可使人起死回生、創新物種，並能將已經老化成熟的細胞，再回復活力與年輕。相信這種科技能夠改進人類演化的方向。這幾個月我有幸用到的生長激素 (*HGH*) 就是基因技術成功的產品之一，以往因為萃取自人腦的 *HGH* 易被病毒污染，在 *1985* 年被 *FDA* 禁用，而被一般民眾誤以為是禁藥，隨著把關極嚴格的美國食品藥物管理局 (*FDA*)*1996* 年 *8* 月批准使用這種基因工程合成的 *HGH* 來治療所有缺乏此激素的人以後，*HGH* 對人類的抗老化與回復青春就要大肆發揮效果了。

　　如台灣本地最近報章雜誌屢屢刊載有關生長激素的報導，聯合報 *89* 年 *3* 月 *28* 日報導去老還童生長激素噴效的文章，以及大成報 *89* 年 *4* 月 *8* 日報導：小朋友個子小需防生長遲滯，其內容轉載如後。又值上篇報導當日

（2000/4/8），台灣各大媒體刊載美國的賽雷拉基因公司
（Celera genomics）發表。公開該公司已成功的排列出人體
基因圖譜，共三十億鹼基對與大約十萬個基因組；這些
是組成人體的基本藍圖。他們是用一種名為全基因組任
意排列的方法，這種方法比美國政府資助的「人類基因
組計畫」方法既方便又快。本來這「人類基因組計畫」
需要到 2004 ～ 2005 年才能完成；但基因工程的突飛猛
進，也像資訊工業的 CPU 一般，飛快進展！電腦科技聲
稱每八個月快一倍，但基因資料的成長則是 6 個月增加
一倍。基因組圖譜提早於 2000 年 7 月完成達 97％，基
因序列組合約完成 85％。人類的生命與身體，我們一直
都認為這是造物者神聖不可侵犯的創作領域。如今，一
步一腳印的走來，許多宗教禁忌的話題，現在已能藉物
理化學的機械理論來獲得解釋；雖然，離完美解答還有
一段很長的路要走，只要再繼續全力以赴，我們一定能
在未來某日了解大宇宙之神是如何創造我們；或許，那

一天我們才了解老天為何會創造我們這些有智慧的生物，更讚嘆與敬畏上天的大能！

　　現在全球的生命科學家，特別是基因研究者，對人類的生命會老化特別有興趣，因為基因既然能主宰人類從出生到死亡的全部過程，當我們能完全了解老化的基因是那一段的時候，就能找出抗老化的對策。就如參與人類基因委員會委員、英國曼徹斯特生命倫理學教授約翰・哈里斯 (*John Harris*) 的觀點；他在 *2000* 年 *6* 月 *7* 日於台灣中央大學舉行的生命倫理學國際會議中回答記者時說：「根據美國學者史蒂芬・奧斯特推論：人類 *12* 歲後就很少夭折的經驗，加上意外發生率的計算，更加進基因研究能改進疾病治癒率，推出 *1200* 歲的人類歲壽。但人活這麼久，卻要回頭來和子孫爭奪資源，反而會引起社會問題。只是此事要發生，誰也沒辦法；尤其當人類有能力去治療『老、死』這兩種病時，實在沒理由不

去用它。」

「人類胚胎幹細胞（*Stem Cell*）的複製技術若能成功，則在人類胚胎時期就將之置換，則此人壽命就能延長到『長生不朽』，除非發生意外或染惡疾與遭遇天災人禍，此人將能永生不死。」這些事並非危言聳聽，而是生物科技與基因工程繼續發展下去的必然後果。

人們追求青春、健康、幸福的目標都是一致的。由出生一刻到回歸主懷短短的數十年間，如何能融於安樂幸福的氣氛中，一直是所有從事宗教活動的導師、心理學大師努力以赴的思索主題。如今，由於生命科學的發展，尤其是腦神經科學的進步，使我們了解腦中各腺體分泌的荷爾蒙、神經傳導物質，透過血液的周流全身，或通過神經網路突觸與受體的反應，清楚的將訊息帶到身體每一個細胞中。在各種環境下，每一個細胞依照所得到的訊息，藉著細胞內的特別酵素反應，迅速的利用

胞內儲存的原料，造出所需的物質，再供應身體各部的需求。腺體依照所受到的刺激分泌各種神經傳導化學物質，讓人獲得各種不一樣的感覺。因此這些感覺、情緒等反應在生命科學家眼中，只是腦部的一些化學反應而已。然而，人類也能藉著自由意志，磨練心性，藉著與大自然的交流，調整自己的內分泌，以愛來激發腦中沉寂的神經網路系統，這也是人人皆曾經擁有過的經驗。畢竟人類只是地球生態圈的一員，諸種環境變化，人類個人一切的活動，也會受到外界環境因素的變化而有相對的反應作用。

上帝既然創造了有聰明智慧的我們人類，當然以這般的智慧來追求人類的長生不老，永遠能幸福美滿的趨勢，也是擋不住的。我們這一代正走在人類歷史轉捩點；筆者年輕時讀過赫胥黎的《美麗新世界》就印象深刻的認為人被科技主導一切的悲哀，*20 年後該書作者赫*

胥黎重新審視該書後，提出一個論點：「⋯不論人類個體心智和生理狀況差異多大，『愛』對於人類來說，就像是食物和房子般不能缺少的需要；最後，還有智慧的價值；沒有它，愛變得軟弱不堪，而自由更不可企及。」

科技發展，使人類能延年益壽；但擁有一顆慈悲、仁愛的完善心靈卻不容忽略！

HGH的新研究資料與文獻，只在短短這兩、三年內就日新月異，筆者有感而發，認為HGH對目前人類的抗老化與恢復年輕活力，有極正面的功效。因此在工作之餘，收集HGH有關的歐、美、日各國醫學文獻與醫藥雜誌報導，與近期報章雜誌（如今年八月十七日美聯社有關睡眠品質與生長激素的分泌影響中年男性發福報導），經整理並請教幾位內分泌醫師，及探訪幾位生物科技合成的HGH使用者，確定它未有不良之反應；因此興起一股「好東西與好朋友分享」的衝動，但以生物科技合成

的 *HGH* 畢竟是個頗為先進與新鮮的產品；因為讀者不見得大家都有生物化學的基礎知識，若未能由細胞的基本觀念解說起來，無法令大家有正確的了解。所以筆者特別從人體生命的基本單位「細胞」開始，一章一章的解說下去；並將生物科技的演進，以及這種不容易藉一般化學合成的蛋白質類的 *HGH*，如何由微生物代替我們用生物科技合成的方式大量生產。接下來，此種 *HGH* 又如何精製，以達到給人們使用時能安全無慮。*HGH* 對人體有那些功效？又 *HGH* 如何藉注射以外的方式，被吸收到人體裡？來幫助我們的健康與活力。如今醫學界告訴我們，衰老其實是一種疾病，現代的先進醫學已可以治療與預防它了。自古以來，抗衰老醫學一直是蒙著神秘的面紗，目前醫學已走到分子生物的領域，醫學家們已在電子顯微鏡下，透過電腦的協助，直接觀察 *HGH* 荷爾蒙以及抗氧化物對細胞的作用，還有作用後所發生的變化；進而發現「維持體內的內泌系統平衡並提升全身體

細胞的抗氧化能力，徹底消除體內的自由基，才是真正抗衰老之鑰。」

HGH 的學名為 *Somatotropin*，前四個字母 *SOMA* 在英文是軀體之意，但是在梵文是種攀緣植物分泌的一種在飲用後會令人陶醉的樹汁，在印度婆羅門教是做為奉獻給神祇與高僧的貢品，因為僧人在喝下此樹汁會激發一股超能力，所以印度教又稱此為不朽之酒（*The wine of immortality*），它代表一種神聖極樂超越凡俗不庸的愉悅情懷。中國的佛、道家高深的修行者皆曾指出雙眼間上方一指幅往內腦中央，或是印度瑜珈師傅額中紅點直入腦正中，是人的第三眼所在，此第三眼分泌永恆不朽之瓊漿玉津，故修行者以舌尖抵住上顎，並叩齒震動以達到第三眼分泌天津玉露之效，這些修行者歷經多年苦修，所用的練功方法，竟然與最近生物科技所研發的舌下黏膜傳輸誘導腦下垂體分泌 *HGH* 的方式，有異曲同功

之妙！這個第三眼不就是我們的腦下垂體嗎？相信敏銳的科學家們，會繼續對前面所說的東方傳統另類醫療與目前最頂尖生物科技，作一些關聯性的研究，也許有突破性的發現。

筆者對生命科學一向極其熱愛，藉此機會，謹將以上種種科學家對生長激素日新月異的研究成果，做一個簡單而稍微深入的介紹，由於只以短短幾月時間來完成本書，且鑒於個人才疏學淺，遺漏難免；尚請諸位先進大師，不吝指正！

編著者　李邦敏　於 2000/9/28

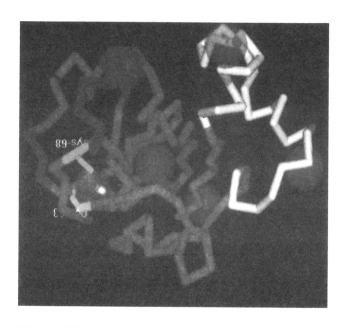

　　藉助於電腦科技的發展，蛋白質工程三度空間結構的電腦解析，極有助於生物化學與新藥開發專家們，針對激素類似物（analogue）與細胞受體（receptor）等物質的空間架構，研究開發出各樣具備生體活性的新治療藥劑。玩過 LEGO（樂高）的朋友，一定特別能體會這種三維構造的變化，生命的的多彩多姿，其中的生物化學反應，就像玩樂高遊戲一樣，千變萬化。

轉載有關HGH的報導

聯合報 89 年 3 月 28 日

去老還童生長激素噴效

郭建廷：防老、增進性能力、治療失眠有效

【記者謝龍田／高雄報導】中華民國醫師公會全國聯合會監事郭建廷，最近在南部醫界推出抗衰老治療；以口噴式生長激素低劑量，高頻率療法，幫六十歲以上老人「去老還童」，初步發現對防老、增進性能力及減除失眠之苦有相當的效果。有關人類生長激素（HGH）的醫學研究，歐美國家早在十多年前就有發表，不過至今為止仍以注射為主，且主要使用在俗稱侏儒症的透矮氏症，及生長激素不足的病人身上，價錢十分昂貴，每個人的注射費用約三千美元。郭建廷說，美國知名醫師狄特曼利用基因移植技術，由原核微生物培養出口噴式天然生長激素。它是由一百多個氨基酸串連而成，與人類腦下垂體分泌的生長激素完全相同，再經高科技輸送技術，在數十秒內可由舌下微血管進入腦部，刺激活化腦下垂體，自然分泌生長激素。他說，並非所有的人都適合使用口噴式天然生長激素抗衰老，要先抽血檢驗胰島素生長因子，小於正常值的人才可使用。療程約半年，每月費用約六千六百元，比過去便宜及安全，但健保不給付，要自費。郭建廷說，他以口噴式生長激素治療老人，發現效果不下於『威而鋼』，尤其有心臟病不能吃『威而鋼』的人，可用口噴式生長激素安心再享閨房樂。郭建廷表示，這項在基因上的新研發，對醫界的抗衰老治療有相當的助益：將來「老人活動中心變為少年活動中心」或許不是夢想。

大成報 89 年 4 月 8 日

身高低於同年齡三％以上，或一年長高不到四公分應就醫檢查　　記者　全嘉莉／報導

有些家長認為，年幼時矮小沒關係，長大後自然就會長高，這個觀念其實不全然正確，少數疾病會造成身高不足的現象，若及早治療可以幫助病童長高。根據教育部所公布的國中小學疑似生長遲滯檢查料結果顯示，小學一年級異常為 0.11％ ，國中一年級則有 0.12％生長遲滯。教育部自八十八學年度第一學期開始，全面建立「國民中小學疑似身高生長遲滯學生轉介醫療系統」，針對國小一年級及國中一年級的學生進行生長遲滯篩檢及治療，小一共有卅四萬多人受檢，共篩檢出三百八十九人疑似生長遲滯，國一共有近卅萬人受檢，檢出疑似個案為二百四十人。中華民國兒童成長協會理事長、台中榮總小兒部醫師徐山靜昨天七日指出，影響兒童成長的因素包括染色體、荷爾蒙、營養、疾病或遺傳等，其中透酵氏症，生長激素缺乏症、甲狀腺低能症、骨骼軟骨代謝異常等等所造成的身高不足現象，在青春期發育完成之前，予以適當治療，可以獲得明顯改善，有部份家長對兒童生長障礙常識不足，而延誤最佳治療時。徐山靜表示，若小朋友身高低於同年齡的三％以上，或是一年長高不到四公分，應尋求小兒內分泌科醫師的評估檢查。徐山靜公布了臨床案例指出，黃小弟在十歲以前每年身高長不到四公分，且比小他五歲弟弟還矮，經檢查發現，黃小弟罹患了特發性生長激素缺乏症，在接受生長激素治療四年內長高了四十五公分，目前身高一六五公分，是全家最高的一個，另外也有家長延至孩子已經高中一年級才就醫，因錯過治療年齡，生長皮癒合之後，無法生長素治療，想要再長高已不太容易了。由於HGH刺激體骼的生長，同時增加體骼吸收維他命 D 及鈣質的利用，增加體質密度並防止骨折，減少抽煙、酗酒、過多咖啡所破壞的骨質，使骨骼架構結實。根據權威期刊「新英格蘭醫誌」的研究報告，矮小孩童在成年前若能持續服用生長激素，能夠增加身高達五公分之多。根據理想成人生長發育表，正常男性身高五呎三吋、正常女性身高是四呎十吋；而服用生長激素的男童會身高至五呎五吋、女童會身高至五呎，足足多了二吋之多（約五公分）。史丹佛大學研究人員針對 121 位確定是矮小的孩童進行研究，讓其服用生長激素，劑量是是每週每公斤體重 0.3 毫克，服用時間為 2-10 年不等。最後共有 80 人的身高達到理想成人高度，男童骨齡約為 16 歲、女童骨齡約為 14 歲。比起沒有服用生長激素的孩童而言，治療組的男童足足高出 9.2 公分。

大成報 星期四 中華民國八十九年八月十七日

中年男人睡眠差 易發福

成長激素隨年齡遞減導致肌肉鬆弛、記性差

編譯 陳慧娟／綜合外電報導

研究人員十五日表示，男人隨著年紀增長而喪失睡眠品質，體內的荷爾蒙值改變，導致腰圍變粗、記憶力衰退，以及更多的睡眠問題。

芝加哥大學研究人員發現，男性中年發福與睡眠型態有關。他們指出，男人隨著年歲漸增，以及成長激素分泌減少，導致睡眠品質降低。而成長激素減少將導致肌肉鬆弛。

目前研究人員正在觀察，新研發的安眠藥或荷爾蒙注射，是否可以減緩老化的跡象。

接受研究的男性體重皆正常，年齡介於十六歲至八十三歲之間。研究人員發現，當男性進入三十五歲至五十歲的中年期，他們的睡眠量仍相當固定。然而，對於二十五歲以下的男人而言，深度睡眠的量佔夜間睡眠的近二十％，深度睡眠的量僅佔睡眠的，但是超過三十五歲的人，深度睡眠的量佔睡眠的不到五％。成長激素的分泌則減少將近七五％。研究中還發現，年過五十歲後，男性的總睡眠量每十年減少大約二十七分鐘，他們較常在半夜醒來，而且醒著的時間較長。

主導這項研究的醫學教授伊芬忠考特說：「我們知道只要增加深度睡眠，就可以增加成長激素。」

這項報告刊登於十六日的美國醫學協會期刊。此研究對象僅偏限於健康男性，其結果是否適用於女性未能得知。

范考特與研究小組審視了一九八五年至一九九年共一百四十九名男性的睡眠研究報告。他們發現，當男人到了四十五歲時，幾乎喪失進入深度睡眠狀態的能力。

男性身體製造成長激素的時間，主要在深度睡眠期，在針對老人進行的睡眠研究中，成長激素減少與肥胖、肌肉喪失有關。

與作夢有關的快速眼動睡眠期（ＲＥＭ），在男性年過五十歲後也呈現減少的狀態，大約占年輕男性的五十％。

約翰霍普金斯大學醫學院的馬克·布萊克曼表示，研究人員並不清楚，究竟是睡眠品質影響成長激素的分泌，或是成長激素值的改變，影響了睡眠品質。

不過范考特確定，深度睡眠越多，就能製造更多成長激素。

這項研究可用於檢視，注射成長激素是否可減緩男性步入中年之初的老化現象。目前這項療法大部份用於六十五歲以上的男性。

目　錄

第一章　生命、壽命、幸福是什麼？

第二章　荷爾蒙是什麼？

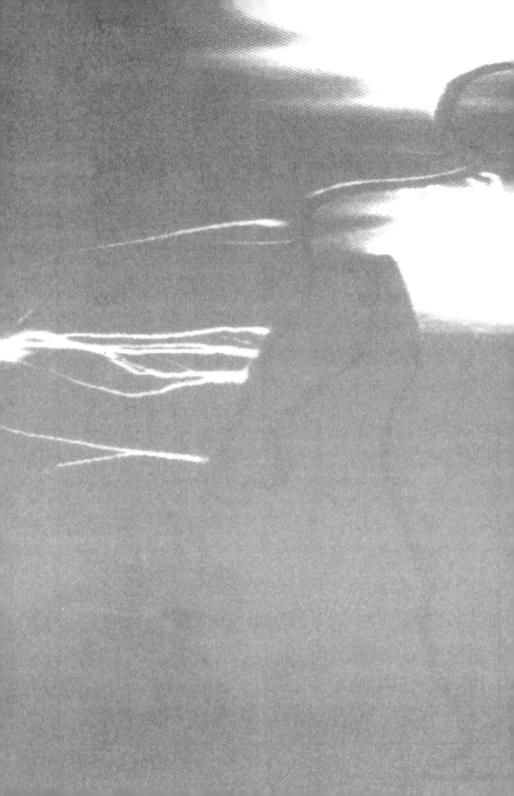

第一章

生命、壽命、幸福是什麼？

正義是導向生命之路；

邪惡為趨向死亡之途

箴言十二：28

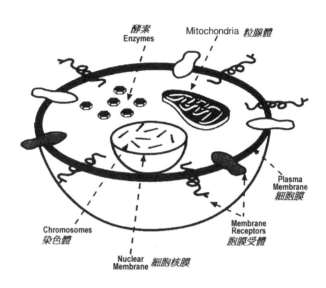

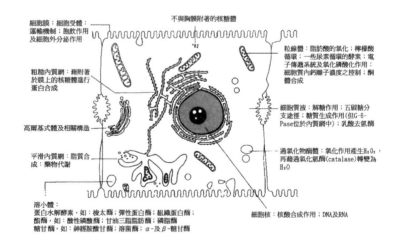

第一節：生命的基礎——細胞

十九世紀以前，人類對細胞一無所知，其實在十七世紀，英國科學家虎克 (Robert Hook) 以顯微鏡觀察軟木薄片時，看到很多方格子，他覺得與修道院的地窖 (Cell) 很像，而構成這些一格一格的東西，他就把它們稱作細胞 (Cell)。但是真正重要的是細胞的內容，裏面充滿了活生生的物質，其中最神奇的構造是負責擔任遺傳功能的染色體。

當孟德爾 (Gregor Mendel) 觀察豌豆繁殖的實驗，發現了具有獨立分配性的「基因」這個現象，此發現引起德裔美國科學家洛布 (Jacques Loeb) 的注意，將遺傳的焦點放到染色體分裂上，接著，華特森 (James Watson) 與克理克 (Francis Crick) 終於發現了 DNA 的雙螺旋結構，而獲得 1962 年的諾貝爾獎。從此，生命現象的解明

就一日千里，生物物理與化學也在科學界扮演更重要的角色。然而我們的生命是否只為一群細胞有次序的運轉呢？

人類的身體約有 60 兆細胞，每種細胞各有不同角色，而各細胞要有系統有組織的運轉，必需有一指揮與溝通的管道，**德國科學家埃立克 (Paul Ehrich) 在 1900 年提出極為生物化學中重要的「受體」觀念，指出所有細胞都有一些內部間隔的胞器，皆以脂肪分子區隔，而胞器上有各種受體分子，有許多種，但大部份為具有三度空間特殊構造的蛋白質，結合在細胞膜的雙層構造中；這個相互關係則是類似鑰匙與鎖的情形，兩種東西的凹凸皆要互相吻合，若吻合了就能產生一連串的生化反應，運轉不已，運東補西，井然有序。**

細胞內部數千個小泡，裝載著胞內胞外的各類補充物質，穿梭於全細胞各個角落。談到細胞內物質的運

輸，皆須要能量的供應與儲藏，這些要拜德裔美國化學家克瑞伯爵士 (Sir Hans Krebs) 的發現，他詳細解明了 ATP 的功能，就是細胞內的蓄電池，而粒腺體 (Mitochon-dria) 則是發電廠。藉著這動力系統，細胞不斷運轉，特別是運動的肌肉組織細胞，每個細胞有數千個粒腺體；順便一提，人類粒腺體的基因，都是遺傳自母親，**故人類的細胞發電廠好壞要看媽媽的了。細胞是組成我們身體的最基本單位，細胞的老化與更新，修補與保養，皆要由此最基礎的單位做起。**

第二節：細胞自身有智慧嗎？

　　細胞本身是不是有它自我的運算中心？最近，杜克大學希次博士利用縮時攝影神經細胞的伸展觸角試探運動，提出**肌動蛋白與肌凝蛋白**的參與，此種伸展構成的神經元新連接及分叉架構，**和人類的學習、記憶都有關連**；這種運動現象發展出神經元智慧中樞這樣我們腦部的構造。西北大學艾伯特比勒認為，細胞資訊儲於基因，但瞬間反應卻靠中心體這個大家一直不了解的奇怪小東西。中心體位於細胞核旁邊，每個中心體有兩根中心粒圓柱狀構造，（但植物細胞除了其精細胞外，無此物）這中心粒由 27 根微管組成，每三個一組，共分九組，平行排列，兩中粒互相垂直，艾伯特比勒推測此中心體就是細胞的眼睛，它具備及絕佳幾何方位定向功能，能感受到其他細胞發出的紅外線訊息，而做出反應的動作。

　　細胞表面膜層間許多受體，是細胞彼此間互通有無的管道，這些受體對於荷爾蒙物質特別敏感，尤其是生長激素這一類的荷爾蒙，幾乎每個細胞都有感應它的受體，例如人類的身高，就與每人細胞表面感應生長激素的受體多少有關；美國葛爾德博士研究小組（史隆‧凱塔林紀念癌症研究中心），就以美國人與非洲俾格米（矮人族）人的白血球之 IGF-1 細胞受體數量做比較；這種對身高極重要的生長因子 IGF-1 的受體，兩者相差了近十倍。

　　人類基因就如一本劇本，而 HGH 生長荷爾蒙就似導演，依據劇本指揮所有細胞，按照各個不同細胞所扮演的角色，努力演出。當 HGH 分泌穩定良好，體內諸多激素也能協調完美運作，人的身心狀態就極為良好；**此 HGH 又有學者將它比喻為交響樂團指揮家，依照基因的編曲曲譜指揮各部演奏。若 HGH 分泌良好就如指揮家完**

全進入狀況，指揮若定，則人體的各種新陳代謝活動就
極爲正常，反之則演出走樣，表演失序。由此可見，細
胞的運作，眞有智慧！

細胞、染色體、DNA 的關係

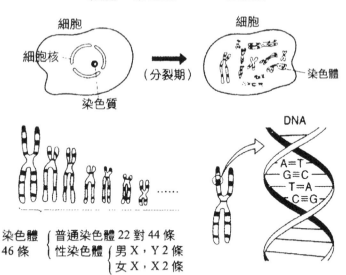

第三節：細胞中的資料儲存庫——基因

一九五三年，華特森與克里克兩位科學家發表，DNA 的構造為雙重螺旋形，他們並利用鐵皮罐試著模擬這種構造物。 兩人也因這項發現，在一九六二年得到諾貝爾醫學、生物學獎。**（ DNA　去氧核糖核酸）**對不少人來說仍是個陌生的名詞。其實，它的**構造就像是扭曲的繩梯，梯子有扶手和階梯兩部分。**

首先介紹組成 DNA 的成份，包括鹽基的化合物、糖和磷酸。鹽基有四種，分別為 A 、 G 、 C 、 T ，糖為去氧核糖。糖和磷酸相互結合之物構成兩股扭曲的支柱（相當於梯子的扶手），而兩邊支柱伸出的鹽基則構成梯子的階梯。而鹽基與糖、磷酸的結合體稱為核苷酸，**DNA 便是由許多的核苷酸結合所形成的兩條長鎖，形成**

雙重螺旋構造。鹽基彼此的結合並不緊密,不過,其結構卻使螺旋無法輕易鬆動。這四個鹽基並非隨意組合在一起,一直都與特定的部份成對組成。 AGCT 中,**A 與 T 一定成對,剩下的 G 與 C 成對**。例如,一邊有 A 的話,另一邊一定是 T 。也就是說,梯子的階梯一定是由 A 與 T 、 G 與 C 兩個組合所構成。它們爲何會結合,那是因爲 A 與 T 、 G 與 C 間有微弱的相互作用氫鍵之故。

研究者實際上如何取得 DNA 呢?主要是靠培養的微生物。首先將其細胞弄碎,然後去除蛋白質,並加入藥劑使之沈澱,在剩餘的液體中再加入酒精, DNA 即會形成白色沈澱。將 DNA 放入水溶液中慢慢加熱,連結鹽基的氫鍵便會瓦解,也就是梯子的階梯不見了,只剩下兩根支柱。但是溶液慢慢冷卻後,便會再度形成氫鍵,且回復到原來的螺旋狀。由於與鹽基相互結合的雙方通

常都還存在，因此，Ａ與Ｇ、Ｔ與Ｃ便不會有結合的現象。不過，也有因誤差而結合的情況，此即產生疾病的原因。例如，一邊的鎖是 ATC 鹽基結合，另一邊的鎖是 TAG 結合，但若他處有相同的 TAG 鹽基配列，此時就會粘黏在此處，使得 DNA 某部分膨脹起來（稱為回路）。若形成回路，本來應該進行「轉譯」的基因便會停止作用，而無法製造蛋白質。

生物器官主要是由蛋白質所組成，以下簡單說明由 DNA 至 RNA，到合成蛋白質的過程。首先，DNA 的雙重構造瓦解，傳訊 RNA 複製出 DNA 的資訊，接著，藉由核糖體 RNA 的作用，使傳訊 RNA 與核糖體結合，然後轉送 RNA 便依照資訊，運送合成設計圖上的蛋白質所需要的材料胺基酸，胺基酸再依照遺傳資訊陸續相互結合，成為長條形的縮胺酸，最後縮胺酸在水中形成立體構造，就是所謂的蛋白質。

由 DNA 複製資訊在 RNA 上，然後合成蛋白質的一連串流程，稱爲基因的轉譯過程。由於基因的轉譯過程，蛋白質隨著基因的密碼圖譜被合成，體內所有的蛋白質就是這樣產生的。接下來，蛋白質會製造構成細胞必要的物質，這些物質最後再形成細胞。於是在生物體內，許多精妙而神祕的化學反應，就像依照程式一樣接連不斷的發生了。

多數細胞集合在一起，就成了我們的身體器官；我們的身體由六十兆個細胞所組成，而正確無誤地製造這些細胞的基本設計圖，就是靠 DNA。遺傳密碼是所有生物皆爲同袍的證據，然而，形成蛋白質的遺傳密碼，其結構又是如何呢？

如前所述，RNA 有 A、U、G、C 四種鹽基，實際上，其中哪三個鹽基成一組，取決於成爲蛋白質材料的特定胺基酸。由於是四個中的任意三個字母，所以是

四的三次方，也就是有六十四個排列組合。這六十四個密碼在一九六六年以前就已經完全解明。也就是說，已了解六十四種密碼各自對應何種胺基酸排列。此外，三個鹽基的配列也成為密碼的單位，所謂密碼單位，是指形成蛋白質之胺基酸的密碼單位，不過，也有具有複數密碼單位的胺基酸。這六十四種排列方式中，其中有六十一種被指定為胺基酸，另三種被通用為起始或終結碼使用，與世界通訊使用的編碼很相似，上帝的創造實在神奇。下頁是複數密碼單位的胺基酸序表。

最神奇的創作是由胺基酸所組合出來的蛋白質，**蛋白質的三度空間立體構造才是真正帶有 DNA 密碼裡所要表現出來的意義；這是蛋白質因為能夠任意折疊，扭曲形成三度空間立體的構造，胺基酸只要有一點點序列不同，所形成的蛋白質就大大不一樣。**

三個鹼基對應胺基酸的密碼表。init 表起始碼，Term 表終止碼。

	密碼第二鹼基 Second base of codon:				
	U	C	A	G	
U	UUU] Phe UUC UUA] Leu UUG	UCU] UCC UCA] Ser UCG	UAU] Tyr UAC UAA] Term* UAG	UGU] Cys UGC UGA Term* UGG Trp	U C A G
C	CUU] CUC CUA] Leu CUG	CUU] CCC CCA] Pro CCG	CAU] His CAC CAA] Gln CAG	CGU] CGC CGA] Arg CAG	U C A G
A	AUU] AUC] Ile AUA AUG Met+Init.†	ACU] AAC ACA] Thr ACG	AAU] Asn AAC AAA] Lys AAG	AGU] Ser AGC AGA] Arg AGG	U C A G
G	GUU] GUC] Val GUA GUG Val+Init.†	GCU] GCC GCA] Ala GCG	GAU] Asp GAC GAA] Glu GAG	GGU] GGC GGA] Gly GGG	U C A G

密碼第一鹼基 First base of codon / 密碼第三鹼基 Third base of codon:

　　例如有 141 個胺基酸序列組成的血紅素，只要有一個胺基酸被置換，就會使正常血紅素變成導致形成貧血的鐮刀型紅血球變異紅血素。一點點不同，整個蛋白質折疊起來就完全不同了。

　　因人類的 HGH 是 191 個胺基酸組成的蛋白質，一點點的胺基酸序列不同，就完全毫無作用可言。人類基因

密碼，已經於 2000 年 6 月中完成了初步解讀工作；這 23 對染色體中，以 DNA 為語言來表示，共計三十多億個字母。將來人類的醫療與人種改良，均已在此階段打下了一個很好的基礎。

人類染色體有 13 個所謂的操縱基因組，又可分 A.B.C.D 四組，在人類生長發育時，指揮在何情況該器官要製造、或分開或進行自我消滅，來完成全遺傳訊息所要完成的目標。例如骨頭的長短，就與每個人先天遺傳的基因有關， A-13 負責長指頭；D-13 負責短指頭，層次分明，醫學家藉著基因組來了解人體先天遺傳的情況，並從事基因修補與治療的行為。

DNA如何組成染色體

DNA 2 條鎖的部份

組織蛋白

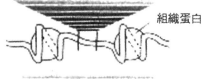

DNA纏繞在組織蛋白上

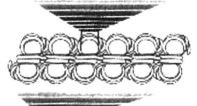

DNA纏繞在組織蛋白上
組合起來的樣子,稱為
螺線管

螺線管以細繩狀形成
染色質

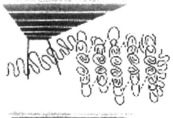

螺線管再聚成線圈狀聚
集,稱為超級螺線管

染色體即為超級螺線管
的聚集

第四節：海佛立克極限與細胞老化

　　海佛立克 (Leonard Hay flick) 加州大學舊金山分校教授，在實驗室經數年時間，對細胞分裂次數做極為嚴謹的實驗。根據他觀察**每一個物種壽命，與其細胞培養時細胞本身可分裂的次數，息息相關。**根據其實驗，取自胎兒之細胞，平均可分裂 50 次；但 80 ～ 90 歲人身上取得的細胞，還可再分裂 20 幾回。這表示人類正常情況其實活到 150 歲是可以預期的，只是要避開殘害身體健康的一些因素。但人類演化，為了支持大腦細胞變成一顆可整理大量資訊的器官，也付出代價；就是放棄修補腦部老化與受傷的能力。海佛力克的實驗，顯示的訊息是說（細胞維持生命的時間是固定的）；**細胞就好比被安裝了定時器一般；等時間一到就要宣告報廢了。**

　　基因學者也發現一般細胞分裂增殖時，其端粒
(Telomere) 會越來越短，而到某一個階段，無法複製而滅
亡。染色體端粒就像是我們的鞋帶最尾端的塑膠細管，
能避免鞋帶尾端分叉散裂；因為染色體一散裂，細胞馬
上跟著散裂死亡。但染色體每複製一次就會損失一小
段，這是因為在複製時，作用的酵素要握住 DNA 長鍊的
兩頭，每次複製都無法複製到酵素本身握住的那一段尾
巴。如果想讓這個端粒維持長度，只有靠端粒酵素
(Telomerase) 才能製造延長它的長度。

　　端粒酵素會識別端粒的 DNA 密碼（哺乳動物為
TTAGGG ），在 GGG 被找到後以 RNA 模板來延長端粒，
如此染色體就能無限次的分裂複製，生命就沒有極限
了。但好笑的是，癌細胞就因為有此端粒酵素才能拚命
複製，基因專家就針對此找對策來破壞或抑制癌細胞的
端粒酵素。

在最近幾年，**由於對胚胎發育的研究發現了這種不像普通細胞的幹細胞（ Stem Cell ）**註，它一點也不呈現老化，且能在實驗室培養這種細胞長成 200 多種細胞；其染色體端粒絲毫未損，表示他**有高度生殖生命期。這種發現被美國 SCIENCE （科學）雜誌選為 1999 年最重要的發現。這發現衝破了海佛立克的細胞生命極限理論；分子生物學替人類追求長生不老的目標，展開一條光明的大道！**

最近基因學者發現死亡素 1 號 (Mortaline 1) 基因，會使細胞分裂速度減緩，約 30 次後停止分裂生長而死亡；但同時也發現死亡素 2 號 (Mortaline 2) 基因，則是與 1 號的反應相反，很有趣的是它們的基因所對應指定的胺基酸種類只有一點點差異。

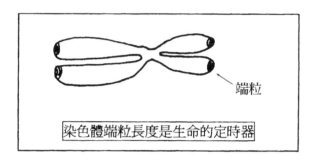

染色體端粒長度是生命的定時器

^註 幹細胞簡介 轉載自中國時報 89 年 8 月 17 日報
導：

『裝著幹細胞的培養皿看似不起眼，裡面蘊藏的乾
坤卻是啓動生化科技革命的火車頭。這些從人類胚胎分
離出來的幹細胞，就是生成人體組織細胞（如血球、骨
骼、肌肉、神經細胞等）的母源。

科學家花了數年時間才想出分離幹細胞以及讓幹細
胞存活的辦法，這樣的技術突破堪稱是繼「複製羊桃莉
之後最偉大的成就」。人體約有六十兆的細胞，各細胞
均有自己獨特的功能，如腸壁細胞、腦神經細胞、血球

細胞等。科學家在幹細胞分化成不同種類的組織細胞之前，及時將幹細胞自胚胎分離出來，並讓他們在實驗室內繼續存活、增生。這層突破也開啓幹細胞未來各種可能的醫療用途。在想出幹細胞可能的醫療用途之前，科學家必須改善培養幹細胞的技術，找出幹細胞分化成神經細胞或骨骼細胞的成因，進而掌控幹細胞的分化。

目前美國研究人員還只能在旁看著幹細胞在培養皿內隨意分化成不同功能的細胞，毫無插手的餘地。理論上，可以把實驗室內由幹細胞培養出來的健康細胞植入人體，取代有瑕疵或壞死的細胞，人類許多疾病（如血癌、糖尿病等）導因於某種或數種細胞不正常運作或壞死，若能讓幹細胞在培養皿內分化成這些特定功能的細胞，然後將他們移植到體內，或許可以讓病患重享健康生活。

幹細胞可以自我汰換，因此可以一直活下去，若能

善用這個特點，讓它分化成自己想要的細胞，即可協助心臟病、脊髓傷害、帕金森症等患者走出病痛。除了利用幹細胞取代壞死的細胞，製藥界也認為可以利用從幹細胞分化而成的各種細胞進行上千種藥物實驗，再根據實驗結果找出最神奇的配方。由於植入的新細胞是從自己的幹細胞培養而成，所以病患較不會有排斥現象。預料未來每個人都可保留自己的幹細胞，生重病或受重傷時即可利用，不用再苦苦等待別人捐贈器官。』最近，日本大阪大學發現，加入維生素 A 酸，可以讓幹細胞發育成神經元細胞，令人鼓舞。

對於利用人類幹細胞研究的來源——人類的胚胎，這是目前科學家認為最方便最具潛力的管道。但這樣的樣品來源卻在道德上有很大的爭議，宗教團體認為人的胚胎已經具有人的生命現象，要有人道關懷來處理這個事情，以胚胎來做實驗，操控這些生命的生殺大權，不

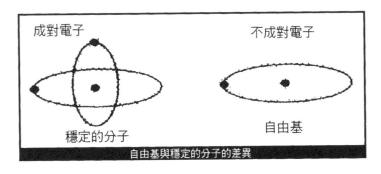 生命、壽命、幸福是什麼？

符合道德，這一點也是大家一直爭議不斷的議題。

　　總之，生命會老化，根據最近一些研究，與下列有

關：

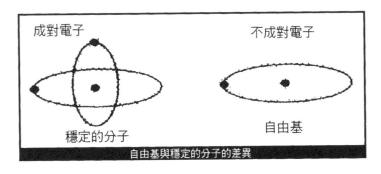

成對電子　　　　　　不成對電子

穩定的分子　　　　　　自由基

自由基與穩定的分子的差異

1.細胞中自由基(Free Radical)的傷害與葡萄糖焦糖化

　　自由基在新陳代謝過程中，主要是在粒腺體中的燃

燒養分時發生。這種多出一個電子的氧分子， 到處亂

竄，會破壞 DNA 和細胞膜，造成不可收拾的影響。又特

別在自由基過多時會發生胞內焦葡萄糖化（ Glycosyla-

tion ），此自由基將葡萄糖和蛋白質結合在一起，這種東

西黏性高，會形成網狀薄膜，造成關節僵硬、阻塞動

脈，引起眼睛白內障。同時，自由基也會升高蛋白質分解酵素 (Protease) 活性，造成細胞的分解死亡。最近的研究指出，HGH **生長激素當與細胞表面的受體接觸會誘導細胞生產蛋白質分解酵素的抑制素** (Protease Inhibitor)，**避免細胞分解與破壞**。當然，食用反覆油炸過的食品，或在電子電器類幅射繁多的環境辦公，以及使用貼身攜帶與通話的行動電話等，皆會造成自由基的損害身體，故充分補充 HGH 與一般的抗氧化劑如維生素 C、E 等抗氧化物及補充 S. O. D 等最近很風行的抗氧化酵素是不錯的保健之道。近年來，土壤酸化嚴重，一些重要的微量元素就缺乏，我們食物中所能取得的這些元素，比以往就少掉很多，這些重要的微量元素皆為賦予這些酵素活性的重要因子，如三價鉻離子，對脂肪燃燒極有幫助，碘素也對代謝極重要，硒、銅、鋅等微量元素就對自由基的消除極為重要，人們也越來越重視此等微量元素的補充。

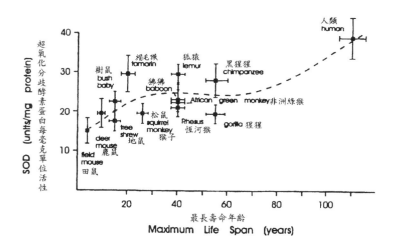

SOD 的活性和生物壽命的相關圖

由本圖可以了解到人類的壽命會比其他的靈長類的猩猩，猴子長，和 SOD 的活性強弱有很重要的關係。肝臟中 SOD 愈強的人壽命也會相對的比較長。

　　究竟什麼是自由基呢？它們又如何破壞人體的細胞呢？大家都知道每一種分子都是由兩個或更多個原子結合而成，原子之外就是各在不同軌道上運行的電子。理想狀況下，所有的電子部是成雙成對的，才能夠維持該分子的電荷中性與穩定狀態。而自由基和分子最大不同之處就是最外面那層軌道上只有一個落單電子。因爲這個落單電子的存在，使得自由基的化學性質不穩定，它會急於從其他穩定分子中抓取電子以便與自己的孤單電子配對，或者乾脆把自己的孤單電子硬塞給其他穩定分子，使自己穩定下來。乍看之下，這好像是兒童之間的踢皮球遊戲，沒什麼大不了，其實不然，因爲電子好比膠水一般，會把分子黏成一團，所以，當自由基以它多餘的電子來干擾其他分子時，該分子因受電子〝膠水之黏連〞而變形，腐蝕破壞，若將此現象放大至細胞層面時，這種黏連病變現象會嚴重損害細胞的構造，破壞重要酵素之活性，甚至攪亂基因密碼，如此一來，將導致

生物生病，甚至死亡。

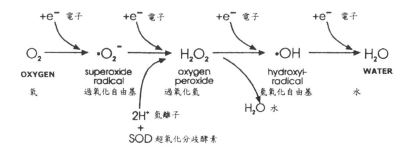

SOD 將過氧化自由基清除的反應過程圖示

2.多重性的基因突變及失去修補異變機能

　　細胞之突變，與年齡之增加是成正比的。年齡越大得癌症機會越大；當發生突變，若新細胞能很快產生修補能力時，就能恢復正常狀態。而那些殘留未分解的廢物，就會傷害附近正常的細胞了，累積了愈多的異變細胞，老化就更加明顯。

3.細胞忘了自我消滅及老細胞過度堆積

　　老舊細胞若未能修補就必須分解破壞掉，若不破壞掉，新細胞就沒有發揮與生存的空間了。故細胞本身有一套所謂的（自殺）系統，老舊的細胞無法修補時，無法消滅時，會影響新細胞進行的代謝反應，而更新無望，造成全部身體完全的失衡，快速老化而失序。

　　總結以上各種理論，筆者看法是先天有端粒長度的限制，後天則受自由基破壞的影響，這兩者交互作用，主宰了我們老化的速度；要逆轉老化只有由以上兩種主因，找出對策才是正確的方向。

老化可從各種器官的變化來看出：

1. **頭髮**：因生長頭髮的細胞萎縮老化，使頭髮變白、變灰、脫落、禿頭。

2. **聽覺**：因為耳膜與耳聽骨之彈性喪失引起重聽、對高頻（一萬 HZ）以上失去辨覺。

3. **視覺**：對光線控制的瞳孔縮放能力減退，晶體變厚、調晶焦點肌肉退化，聚焦力衰退，晶體變濁、黃斑部退化，造成視茫茫、老花、白內障。

4. **嗅味覺**：一些神經感覺細胞表面感受體受損退化，嗅味覺變遲鈍。

5. **皮膚**：因細胞老化，對水份保持的能力減少，自由基破壞引起皺紋、乾燥、老人斑。

6. **腦功能**：大腦萎縮，記憶中心海馬體損害，神經細

胞退化引起健忘、老人痴呆症。

7. **心血管**：因動脈硬化、粥狀化，血管彈性喪失；引起高血壓、心臟病、腦中風。

8. **肺部**：肺部肌肉失彈性、橫隔膜乏力，呼吸不完全，咳嗽困難。

9. **代謝、免疫**：效率差、糖尿病、高血壓、痛風。抵抗力衰退。

10. **骨骼肌肉關節**：一般人，20 歲後肌肉退化每十年約減少 5 ～ 10%、骨質也疏鬆、患關節炎。

11. **性能力**：性激素減少；失去性慾、性能力衰退，男人攝護腺腫大變癌症。

第五節：追求長壽也要擁有幸福、
健康、美麗

　　人有情感、情緒；喜、怒、哀、樂、憂鬱、愉快等，目前腦神經化學家，皆能以腦內神經所釋出的神經傳導物質，來解釋顯示表現各式各樣的反應。腦神經由名叫神經原的細胞所組成。而傳遞訊號裝載訊號的稱爲「神經傳導化學物質」，這些物質也是荷爾蒙的一種；而**腦部神經系統則區分爲 A 系統和 B 系統。 A 系統主掌（醒覺性）；B 系統主管（抑制性）。**

　　A 系統主要是接受感應釋出「多巴胺和腎上腺素」等；而 **B 系統則能釋出血清素來抑制 A 系統的作用。**多巴胺在喜歡的對象或美麗的景色出現時，會刺激 A 系神經，使 A 系神經原突起，大量**分泌多巴胺，大腦外圍皮質受體一接受此種化學物質刺激，快感傳遍全身**， 2000

年諾貝爾醫學獎由坎德爾、葛林加德、卡爾森三位共同獲得，就是因他們針對多巴胺在大腦內神經細胞彼此間的溝通方式，有開創式的發現而得此殊榮。如果上帝沒創造多巴胺這種感應系統，人的愛情、感動就沒有了，因此人類的進化、文明的進步與多巴胺有極大的關係。但如果多巴胺過度的分泌，也會造成精神失常，引起幻覺妄想。**而正腎上腺素的分泌，則使人清醒有精神；能有活力的工作。**此正腎上腺素激素有強烈的統御支配力，能一瞬間掌握全身；是人類「戰鬥力」的根源。適當分泌使人有自信與勇氣；分泌過度，則會有衝動、暴力傾向。而人總是要休息、睡眠，才能恢復體力和腦力。**負責分泌出來的賀爾蒙是「血清素」它能使人產生安穩、平靜的心情**；他會抑制多巴胺與腎上腺素的分泌；幫助人安穩入睡。很奇妙的是，只要光線一暗，血清素就會停止活動，接下來「褪黑激素」開始分泌出來接班，使人進入舒服的夢鄉。**而且這種褪黑激素還可以**

延緩老化、提升免疫力等功能。

　　人的腦中有20種以上的自然性麻醉物質，以 Beta 內啡呔最強，它是嗎啡效力的10倍；人體腦內有嗎啡接受體，對於「痛苦、悲傷、無奈的折磨」能將之消除。同時，也使人產生快感。它能壓制「抑制神經」的作用；使「興奮性」的 A 系神經甦醒，讓使人興奮的多巴胺分泌旺盛起來，恢復愉快的心情。像巧克力為何大受歡迎，現在情人節都以巧克力糖做禮物。其原因是巧克力主成份含有苯丁胺這種化學物質；它除了可以提高腦內血清素也同時增加內啡呔分泌，擁有抗憂鬱又興奮的功效，因此容易使人會沈溺於此，愛吃得不忍釋手；結果，因巧克力熱量高，越吃越胖。因為人就是愛追求快樂的感受，你想不到巧克力也有此種媚力吧！因此，（賀爾蒙緊緊操控著人的心情）是現在醫學公認的事實了。只是要依賴藥物來使人感覺快樂幸福，這些人造物

皆缺陷有害，以化學分子觀點來看是用不良的鑰匙（非人體天然生產的）硬塞入鎖孔（細胞膜表面受體）而產生不正常分泌興奮物，這樣下去一定破壞了人體自然回饋控制的反應機構，讓這套鑰匙與鎖的開關系統損壞，嚴重時就會把老命丟掉了！因此，我們要保持正常的作息，與大自然、生活在一起的人們取得合諧的關係，因為許多神經醫學研究人員發現，對人們付出關懷、與喜愛的人分享快樂能夠誘使自身分泌自然而適宜的荷爾蒙，讓壽命增加，幸福感也跟著來；否則只一味追求壽命的延長反而會帶來更多的愁苦與憂慮而已。 HGH 的使用，已有效告訴人們長壽之道，將來端粒酵素的成功引進人體更會使人類有不死之身，而永恆幸福的追求，又擺設在人類眼前；有時想到此， 21 世紀真的是讓人類進入一個完全新的時空領域，老天設計的一場新遊戲，又夠我們人類疲於奔命去破解了！最近網路上以 E 世代年輕人做了一項調查，結果令人耳目一新；新人類最關心

的事不是身體會不會患癌症、社會治安好壞等，而是自己會不會太胖，樣子好不好看，有沒有吸引力。科技的進步，人的思維與價值觀也大大不同。以商業觀點來看，1996 年美新墨西哥大學教授梭侯 (Randy Thornhill) 領導一群國際性調查者，統計出全世界每位男女對異性吸引力的資料中，有以下的數據與傾向：女性方面，腰圍對臀圍比例是 7：10，乳房堅挺、眼睛大、鼻子窄、下巴尖、皮膚要光滑細緻、腿修長。男性方面，腰圍對臀圍比例是 9：10，身材略高、下巴有力、顴骨堅實、眼有神、前額寬、肌肉結實、腰與足踝要對稱。針對以上統計觀點，肥胖確實是男女皆嫌惡的體態；怪不得減肥瘦身產品熱賣。美國的統計資料顯示有三分之一的人過胖，為此，美國人一年花在減肥的費用，據 Stephen Gullo 醫師估計有 330 億美元。人體饑餓飽脹的感覺是由胃部先感知約吃東西 20 分鐘後才會反應，故吃東西要慢嚼細嚥，接下來，告訴我們，吃飽了停止再吃的下命令

中心在下視丘；下視丘的設計是維持一個人體重在一定標準之下。但這個標準又在與一個人出生時脂肪細胞數量有關係！**以藥物減肥最早是用安非他命，使人一直興奮消耗體內的體脂，因為其作用為阻礙神經傳遞的酵素，易使人上癮，而會越用越重，造成破壞人體的腦神經系統，早就被淘汰並禁用**；但台灣許多人仍然盲目到泰國買這種藥物，實在愚昧又很危險！1996年4月FDA曾批准 Redux 減肥藥上市。它的效力是提高血清素專抑制食慾、轉移你的思緒。但因副作用引起頭痛、口乾、腹瀉、還有人因此患了主肺動脈高血壓，而大受批評。另外**芬芬（芬氟拉明＋苯丁胺）也是利用芬氟拉明提高腦中血清素來抑制食慾，但會使人虛弱無力；故輔以苯丁胺興奮劑，卻因為被懷疑與這些作用與嚴重心臟病有關，使用者心臟瓣膜病變，嚴重造成死亡，被 FDA 當局通知收回！並被判理賠數億美元給消費者**。為了減肥，人們實在是無所不用其極。最近也極流行所謂的藍色小丸

子增妳酷「Xenical」(Orlistat)，此品本身是一種人體脂肪吸收抑制劑。但副作用為腹漲、腹瀉等腸胃症狀，常跑廁所造成不便，阻礙脂溶性維生素 A.D.E.K 的吸收，也可能導致發生乳癌，也可能導致罹患憂鬱症。其實，身體的體脂肪組織，只要是我們有正常運動量、年輕人就不會太胖。但 30 歲起到中年後，尤其最近美國醫學會誌報導，中年男性因為睡眠品質不好，無法正常分泌 HGH 而造成肥胖。主要原因是體內控制脂肪組織進行代謝（分解燃燒掉）的生長激素缺乏，就無法啟動這個分解反應。許多中老年人，身材走樣，只要適量補充 HGH，減少糖類與脂肪含量高的飲食，配合適度運動，身材自會在幾個月內瘦回年輕時的比例，而且，飲食照常，不需絕食，不用劇烈運動、這些生化反應會於下面解釋清楚。如以下反應圖之圖解。

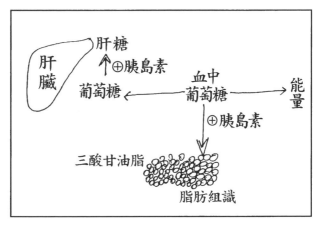

胰島素會把血糖中的葡萄糖轉化成脂肪組織，此稱脂肪的合成作用。

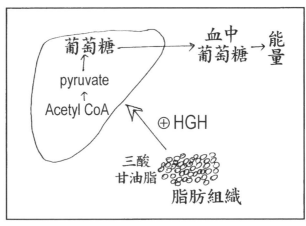

HGH 則會把脂肪組織的脂肪分解成醋酸輔 A ，丙酮酸等再藉糖皮質素變成葡萄糖，此作用稱脂肪的分解。

自然減肥，提高自身 HGH 分泌的飲食控制法

如何禁口？攝取量達到飽和時腦部會釋放〝停止進
食〞訊號。多吃蛋白質肌餓不上身。

　　進食時儘量避免脂肪含量高的食物，即能防止贅肉
上身。科學家發現，蛋白質是「關閉」腦部釋出的飢餓
訊號的最佳營養素，攝取富含蛋白質的食物有助於進食
時適可而止，避免吃進過多熱量。不過，腦部無法測出
脂肪是否已攝取足夠，即便已過多，腦部也不會要人停
止進食，因此容易導致肥胖。要攝取人體所需的脂肪，
可多吃含對人體有益的魚類的脂肪酸、瓜堅果和植物
油。人類幾乎無法儲存蛋白質，因此攝取的蛋白質一旦
足夠，腦部就會迅速偵測得知，並發布訊號要人停止吃
東西。相反的，脂肪可以無限量囤積在人體內，因此腦
部不太能偵測出脂肪是否已攝取足夠，容易導致吃東西
時一發不可收拾，使人肥胖。再者，營養學家指出，攝

取的脂肪愈少，人體對脂肪的需求會愈少。換句話說，肉吃得愈少，就會愈不想吃肉。脂肪的熱量是高出蛋白質約兩倍，也是麵包等碳水化合物的兩倍。**人之所以會想進食，關鍵在於會釋放飢餓訊號的腦部下視丘，下視丘負責接收並處理來自食物的感覺、味覺和心理上的刺激，其運作受血液中各種營養素含量多寡的影響。**要調節下視丘釋放的飢餓訊號以免進食過量，可從攝取的營養素下手。

下視丘的空腹中心，滿腹中心只一線之隔，卻控制著生物的食慾
反應。

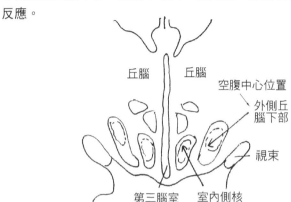

下視丘腦之滿腹中心位置

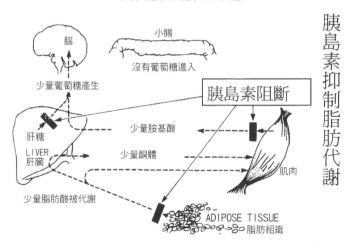

胰島素抑制脂肪代謝

胰島素抑制了生物體內的代謝作用，要減少體脂肪，需適當控制
胰島素的分泌，澱粉類食品要適量。

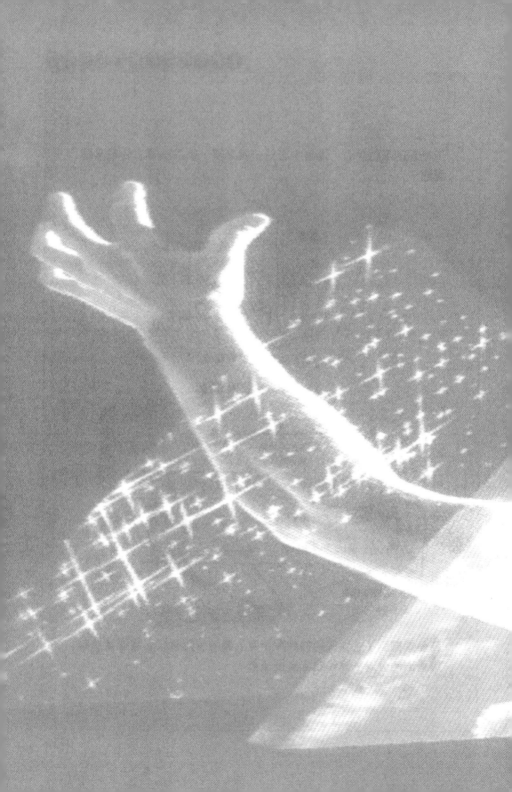

第二章

荷爾蒙是什麼？

寧靜使身體健康

嫉妒是骨中毒瘤

箴言十四：30

第一節：荷爾蒙的種類

荷爾蒙的希臘文原來的意思是「激起」，故中文另外一種翻譯為「激素」頗貼切。如果把人體比喻為一部極精密的機器，那麼荷爾蒙就像是自動控制室裡的各個感應自動開關。荷爾蒙是我們身體裡的一種化學物質；能使身體的新陳代謝正常與保持穩定。人體共有八十幾種荷爾蒙，主要由腦部、甲狀腺、腎上腺、消化管、性器官、心臟等幾個器官來分泌。**以最新的觀念，廣意的來將荷爾蒙分類，共可分成以下四種：**

1. 內分泌系統（古典荷爾蒙系統），如甲狀腺素、腎上腺素、性激素、生長激素等等。

2. 神經系統傳導物質，如貝他-內啡呔、多巴胺、血清素等。

3. 免疫系統的細胞分裂素，如白血球間質、干擾素之
   類。

4. 費洛蒙，以固醇類為原料基質，分泌散發到外界，
   引起環境周圍同類的反應。

膽固醇的化學結構。適量的膽固醇是維持細胞生理正常所必需
的，但若膽固醇新陳代謝調控異常，造成血液中膽固醇含量過
高，卻會導致心臟血管病變。

上為類固醇系荷爾蒙的基本原料，此類較易由人工合成；唯其副
作用大，故運動員常濫用引起禁藥風波之主角，皆為這一類荷爾
蒙物質。

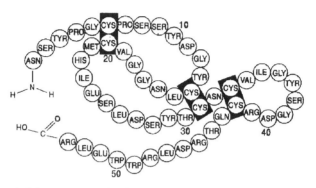

上皮細胞生長因子的胺基酸序列圖。圖中黑色塊部分代表雙硫鍵，數字部分代表胺基酸的序位。

上為胺基酸為主的縮胺酸荷爾蒙系統例子，此種上皮細胞生長因子對端粒酵素合成有促成作用。

　　荷爾蒙的原料是甚麼呢？其原料是用胺基酸為主製成的這一類，以 HGH 、胰島素等為代表；另外一種是以膽固醇為主的類固醇系荷爾蒙，如性荷爾蒙及皮質醇之類。近來因為環境污染問題嚴重，石油化學的許多產品與副產品，往往因其化學構造與生物的天然荷爾蒙結構很類似；造成生物內部內分泌系統的誤判而影響到生物界的生存，因為其反應作用方式與荷爾蒙相似，卻非生

物體製造出來，日本學者首先稱呼此為環境荷爾蒙，現在已經變成這類物質的通用名稱，本人特別以一節來簡單說明，提醒讀者重視此問題。

　　至於最近有關人類費洛蒙的研究也有許多引人注目的報告出來，費洛蒙照希臘文字義解釋為「攜帶的荷爾蒙」，身體的皮膚、腋下一些分泌皮脂的腺體會分泌這些東西散發到空氣中，這一類物質一般是以固醇類為原料基質，再依個人的基因特質，於不同情況來分泌，人類感應費洛蒙的資訊是透過人類鼻中隔的兩個小管道（犁鼻器）直接把信號通到腦部下視丘。下視丘是人類「腦中的腦」，像 2000 年 7 月 25 日荷蘭研究報導以香草香味做的一種貼片，貼在想減肥的胖子身上，就能有效抑制他的食慾，這些都是利用費洛蒙經犁鼻器以刺激下視丘這個控制飽腹食慾的反應機制；芳香療法等新一代的研究，也正是通過這種系統來發揮其效果。

第二節：一些常見的荷爾蒙與其主要的功能

通常荷爾蒙有五大功能：

1. 成長與發育 2. 生殖與美容 3. 適應環境變化 4. 生產與儲存能量 5. 情感與知性。

以下是常見於報章雜誌，廣為人知，但不甚瞭解的一些荷爾蒙，筆者將它們簡單介紹一下，以便和本書主角的 HGH 有一些比較。這些荷爾蒙都會維持一定的水準，而彼此達成一種平衡，讓身體的運作有穩定的秩序。

一·DHEA（**還原雄性素**）Dehydroepiandrosterone：在大腦與腎上腺皮質當中製造，主要是負責合成其他種類的荷爾蒙，例如睪固酮、動情素、黃體素等，能

使人性慾回春、充滿活力、改善記憶力、降低膽固醇、對肥胖與心臟病有改善、能強化免疫系統。與 HGH 配合補充，效果更進一步提高，DHEA 是不須要醫師開處方即可購買的荷爾蒙。用太多會有男性化，及體毛多的現象。

二‧Pregnenolone（妊烯醇酮）：在大腦與腎上腺皮質當中製造，是 DHEA 的上游原料，此激素能增加人的注意力與記憶力舒解抑鬱情緒，引導人對抗精神疲憊之狀況。

三‧Estrogen（動情素）：由下視丘控制，刺激卵巢排卵，使性器官。補充它能幫助婦女停經後各式各樣症狀的疏解，能預防心臟病、骨骼疏鬆症、老年癡呆症等；但必須有醫師開出處方始能購用。本激素要配合黃體素服用以減少子宮內膜腫瘤的發生。動情素促進高密度膽固醇 (HDL) 的合成，減少 LDL 在血中的濃度很明

顯，是女性很重要的激素。

四‧Progesterone（黃體素）：由女性生殖器官分泌的激素，由黃體，腎上腺或懷孕期胎盤製造出來。更年期因動情素與黃體素失衡，造成身體不適，須要與動情素配合使用。黃體素能降體脂肪、改善皮膚、維持骨質密度，使思路清晰。近日，政府批准的 RU486 墮胎藥，就是利用阻斷黃體素受體的作用，來終止早期妊娠，又稱爲「事後避孕丸」。

五‧Testosterone（睪固酮）：這種激素，不僅男性重要，女性也很需要。女性的雌二醇、雌素酮、雌三醇皆是以睪固酮再經衍生製出來；它能控制女性的性慾望，提升骨質密度，增加活力並協助釋放壓力，保護女性不受其他免疫疾病侵襲。男人在 17 歲以後，其睪固酮基準值就下降了。補充睪固酮能夠使男人重建肌肉，對抗陽痿，使性能力增強，也能降低膽固醇濃度與體脂

肪，預防心臟病，保持骨質密度，睪固酮也可增加紅血球的數目 10 ～ 15%，但也要控制好，太多反會引起中風之機會。

六‧Thyroxine（甲狀腺素）：人體內最大的分泌腺體是甲狀腺，負責調整人體中的代謝率，就是體內燃料的燃燒，以及體溫及消耗能量的控制，促進人體的生長此激素也會誘發 HGH 的分泌。甲狀腺素分泌過多會使人亢奮，體溫較高。若年老或分泌不足，就會造成肥胖、精神不振，動作反緩慢。甲狀腺也能提升免疫系統的作用。另外，副甲狀腺激素 (PTH) 則是由甲狀腺中如米粒大的四個小器官分泌出來，對體內鈣離子的運輸很重要，對骨骼生長很重要。

七‧Melatonin（褪黑激素）：是由大腦的 Pineal Gland（松果體）中製造分泌出來的激素，與抗老化有關係，報告指出有逆轉老化的功能；更有延年益壽之效。

它使人類老化過程的時鐘重新起跳，使整天生活的節奏有規律。回復原來的睡眠模式，治療因時差引起的不適。本身也是一種抗氧化劑，能強化免疫系統，對抗壓力、預防心臟病與癌症。 1995 年， Pierpaoli 與 Regelson 出版『褪黑激素的奇蹟』，暢銷無比，也炒紅了 Melatonin 。

八‧ Adrenaline （腎上腺素）：主要由腎上腺髓質部分泌，能加速心跳，擴張動脈，增加心臟與肌肉的氧氣消耗，也能促進肝臟分解肝糖與脂肪。由 Tyrosine （酪胺酸）為原料，經過多巴胺（產生興奮，快感物質）再形成為正腎上腺 (noradrenaline) 後，加入甲基形成腎上腺素。

九‧ Somatotropin （生長激素）簡稱 HGH ，對人體生長、蛋白質形成、各種生理活性酵素，生長因子之合成，細胞中胺基酸的傳輸，與性成熟、骨骼生長、脂肪

組織代謝、細胞修補、免疫系統誘發、皆有舉足輕重的
影響力；可以說是荷爾蒙之指揮官，以下章節，就以此
生長激素為主題，讓我們進一步去了解它。

第三節：人體中腦部荷爾蒙的分泌 與控制

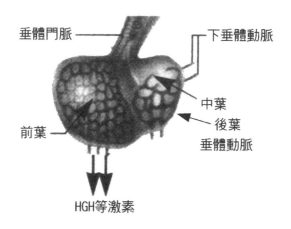

垂體門脈

下垂體動脈

中葉

後葉

垂體動脈

前葉

HGH等激素

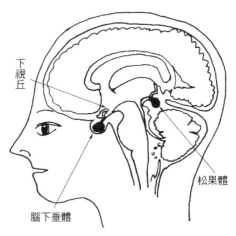

下視丘

松果體

腦下垂體

　　腦下垂體是由前葉、中葉、後葉三部分形成，但是人的中葉幾乎不發達。首先談腦下垂體後葉，它是由腦底部向下延伸發展而成，約小指的指甲大小；此正足以說明下視丘 (hypothalamus) 神經分泌的作用機構，並且給予負責協調作用之神經系統與內分泌系統一個清楚的區分。

　　後葉分泌之一為子宮收縮素 (oxytocin) 可使子宮肌作強烈的收縮，它有時使用於分娩之後期或產後，以使子宮收縮。產後乳汁的分泌亦賴此激素對乳腺泡的作用才得以完成。另外一種即血管收縮素 (vassopressin) 可使全身的小動脈收縮，而使血壓升高。此外它尚可調節腎小管 (renal tubule) 對水分之吸收。當後葉或由下視丘來的神經束受損時，則會引起尿崩症 (diabetes insipidus)。此情況的特徵是每天排尿多至 40 公升。例如注射血管收縮素，即可暫時解除此病症達數小時之久，但無法根治

之，換言之，只能用它來控制病情而已。由於血管收縮素具此功能，所以亦稱抗利尿激素 (antidiuretic hormone) 經常縮寫成 ADH ，讀者若希望自己能提升「長期記憶」的威力，就要活化這個激素；只要體內水分減 1% ，ADH 就倍增，它能協助腎上腺皮質系統的荷爾蒙分泌，改善記憶力與學習力。**所以在背書與準備考試千萬勿喝下太多水，會議中也勿喝太多水；以免降低了腦部效率。**

腦下垂體前葉分泌很多種的激素，可是自己本身是無法調節激素的分泌量。在接受下視丘腦的指令下，才分泌腦下垂體的各式各樣前葉激素。而向腦下垂體下達的最終指令，是從丘腦漏斗部的正中隆起開始，藉由稱為腦下垂體門脈的血管送到腦下垂體前葉，對生產激素細胞送出釋放或抑制激素來進行控制，以上總稱為腦激素。

　　在間腦的下視丘腦有許多製造腦激素的神經元，那些神經元的軸索終末是通過位於正中隆起之腦下垂體門脈系的毛細血管壁。因此，**腦下垂體前葉激素的神經內分泌調節最小機能單位是：腦激素生產神經元、腦下垂體門脈系和腦下垂體前葉分泌細胞。在此單位元裡，集合了各種神經傳遞、分泌激素等有關資訊的回饋控制機構。**

　　腦激素有甲狀腺刺激激素釋放激素 (TRH)、促性腺激素（生殖腺刺激激素）釋放激素 (GnRH)、副腎皮質刺激激素釋放激素 (CRH)、生長激素釋放激素 (GRH) 及泌乳激素 (PRO) 等，至於抑制激素有抑制釋放生長激素的生長激素抑制素和抑制釋放催乳激素的多巴胺。以上的腦激素各在不同的神經元製造，不過向腦下垂體傳送時，是利用稱為腦下垂體門脈系的共同通路。假設釋放激素和抑制激素之釋放都受到調節，妥善進行協調整理

就不會發生問題；但是，如果同時有複雜的釋放激素和抑制激素流入腦下垂體門脈系時，將會如何呢？結論是不會發生衝突問題的。這是由於製造各種腦下垂體前葉激素的細胞，各對釋放激素或抑制激素，擁有特異性的受體，因此縱然同時有各不同種類的腦激素流入，也只對腦下垂體前葉細胞各別專一受體有感應的腦激素產生反應。

通過分子生物學者的努力，人類細胞受體的詳細反應機構已經解釋明朗，荷爾蒙物質或是腦神經傳遞物質皆是一些小蛋白質或乙醯膽酸的特殊型體分子的開啓與回收關閉反應。

人體的內分泌與新陳代謝若比喻爲一交響樂團，那麼 HGH 就是指揮，他會隨著 DNA 的樂譜，指揮全局，只怕 HGH 這指揮力不從心，老而無勁，就會演出走樣；反之，就能指揮若定，演出精彩完美。

第四節：人體補充荷爾蒙療法(HRT)的發展

在美國大部份的更年期婦女，都會發生一些生理上的不適，30多年來對更年期治療，其實就是美國避孕藥劑科技的延伸。這部份以最普遍的**動情素補充療法**(ERT)說明，**ERT 能減少更年期婦女不適者之熱潮紅、陰道疼痛與其他不舒服的感覺，又能減少心血管疾病及骨骼疏鬆症的發生**。雖然有這麼些好處，卻也提高罹患子宮內膜癌的機率，因此使用劑量不能過高；後來發現**並用黃體素，就能降低罹患子宮內膜癌的機率，而進一步發展成新一代的荷爾蒙補充療法**(HRT)。

雖經過上述改良，但乳癌發生率還是偏高，因此生物學者對此探討，認為是使用的荷爾蒙來源，並非人類自然的荷爾蒙，而是人工合成或抽取自動物體內。由於

非人體自然合成的荷爾蒙，會引起人的副作用。還好由於基因工程的進步，讓科學家能做出更合乎人體自然分泌的激素，甚至做出與人體自製的完全一模一樣，使副作用降至最低。所幸的是，東方婦女因為食物中常吃到以黃豆為原料的食物，**黃豆中有一種稱為草本動情素的物質 (Phytoestrogen)，當它被人體吸收後會產生類似人體自然的動情素的作用，這樣就使東方女性較西方女性幸運，減低更年期產生不適的機率。**

對於早期 HGH 補充療法，在瑞典於 1956 年間，Bengt-Ake Bengtsson 醫師，與其 Salgrenska 醫院同僚就針對腦下垂體分泌不良的患者施以各種荷爾蒙（含 HGH、類固醇、胸腺荷爾蒙與性荷爾蒙）補充治療，共有 333 位在治療過程中，經統計資料顯示不論男性女性，HGH 缺乏的病人其死亡率是不缺 HGH 者的兩倍 (107：57)；其死亡主要原因是心血管病變（60：31）

；一些瑞典、丹麥、英國研究 HGH 先鋒人員對心血管有疾病的患者，補充 HGH 有正面的療效。 Bengtsson 醫師更提出 HGH 補充後，病人的骨質密度與礦物質的存在比例會明顯增加。**所有研究 HGH 的醫師們，對 HGH 最推崇的是所謂的「拉撒路 Lazarus 效應」：以 HGH 補充患者，就如同在癱瘓病人他們背上敲一敲，結果數星期後，皆甦醒起來，活力再現，人生大大改變了。**

1996 年，威廉雷久森 (William Regelson) 在美國出版一本書，書名為『超級荷爾蒙的保證』特別對 DHEA 有完整的解說，由於 DHEA 是固醇類荷爾蒙的主要中間原料；男女性皆很需要它來合成男性的睪固酮與女性的雌二醇、雌素酮與雌三醇。由於男女到成年後，該物質在體內的濃度也降得很快，因此，極待補充。書中強調 DHEA 的抗癌功效，降低膽固醇能力、防止血液凝結、防止心臟疾病、幫助記憶力、防止骨質流失、避免脂肪

過度累積、強化免疫力等等功效，造成一時轟動。科學家也發現墨西哥的野山芋 (Diasorea) 含有豐富的天然DHEA 等先驅原料，能經化學作用轉移成多種固醇類荷爾蒙物質。同時，研究人員也發現 DHEA 能夠誘發 HGH 的分泌， HGH 會與其他荷爾蒙自動產生一種平衡性。所以**補充 DHEA 的最終目的，也是誘發出** HGH。

最近，美國抗衰老權威的 Edmund Chein（**艾德蒙‧陳）博士**，更將各種荷爾蒙的平衡療法發揮得淋漓盡致，並成立棕櫚泉生命延長研究所；**將 HGH 以高頻率、低劑量方式搭配其他有延長生命的激素做綜合的治療，**其著作「抗衰老-老化過程的控制」與「成人 HGH 療法」已成醫學院教科書；最近來台灣接受電視訪問，提到 HGH 對染色體的端粒酵素之合成有正面功效；**幫助修補因細胞分裂造成染色體減短的端粒，如此細胞分裂就不會衰亡了。陳博士對人類抗衰老的 HRT 療法也獲的美**

國 FDA 的專利，對 HGH 在醫療抗老化的研究可喻爲當今

泰斗。

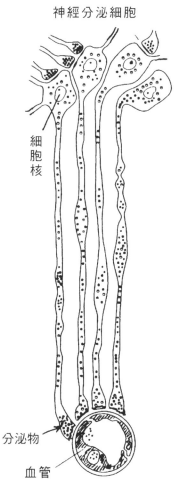

神經分泌細胞

細胞核

分泌物

血管

第五節：可怕的環境荷爾蒙

環境荷爾蒙這名稱，源自 1996 年美國暢銷書『 Our Stolen Future 』此書中列出許多環境污染物質對人類與生態環境的破壞；這些東西統稱爲『 Endocrine disruptor 』，日本學者爲了方便起見稱爲環境荷爾蒙；英文也有簡稱爲 EDS。

「環境荷爾蒙貽害近 50 年來，全球男人平均精蟲數減半，美國佛州灣岸禿鷹有八成不孕，小雌北極熊出現雌雄同體……」但國內在這方面的關注仍然不足。去年，由於在比利時出產的許多乳製品發現含超量戴奧辛，引起舉世譁然台灣也禁止該國乳製品進品，喧騰一時。根據英國一份調查報告更指出，全球各地的母乳樣本，發現含有高濃度的戴奧幸及殺蟲劑等多種村有毒物質，再度引發各界對於環境荷爾蒙的熱烈討論。特別是

英國醫學期刊一篇著名報告指出，**近五十年來，全球男人的平均精蟲數。已大幅減少五十％，相關領域的專家學者皆推測，這與環境荷爾蒙大肆污染有關！**

　　雖然現今學界尚無法全然證明環境荷爾蒙對人體健康造成的衝擊，但越來越多的動物實驗及人體追蹤調查，卻明白指出環境荷爾蒙物質會透過食物鏈進入生物體內部，並干擾內分泌平衡及功能。對人類及許多野生動物的生殖及生長機能造成極大的傷害：例如工業產品的PCB 成份會釋放到空氣中、汽機車每天排放廢氣、燃燒垃圾也會產生戴奧辛，這些汙染源隨著大氣循環和海流到處擴散，有研究指出，以低級燃煤為動力來源的國家其汙染氣層飄送到鄰國，帶來嚴重的酸雨；另外工廠任意傾倒廢棄物到海裡，汙染了海裏的微生物，接著魚類吃下微生物，人類又吃魚，惡性循環的結果，人體內的化學殘留物變成原來的兩千多倍，檢驗結果也證實，人

體內的化學物質多達 250 種以上，因此像 PCB 、 DDT 和戴奧辛這些有毒物質隨著食物鏈，傳遞到地球的每個角落，連兩極地區也無可倖免。目前所知有毒的最主要來源是多氯聯苯 PCB, 農藥 , 戴奧辛等物質。

　　由於各國近來追求現代化，工業越來越發達，但同時環境污染也越嚴重。亞洲地區海水汙染嚴重，日本外海捕到的鯨魚體內，檢驗出的 PCB 含量居然是貓狗的 4000 倍。根據調查，歐美的嬰兒在哺乳期間，從母乳直接攝取到的 PCB 含量，相當於成年人健康標準的五倍，而且媽媽分泌的乳汁裏，都含有微量的戴奧辛，這讓許多媽媽們都感到憂心忡忡。先進國家都紛紛投入環境荷爾蒙的調查研究，以日本中央政府為例，環境廳計畫透過醫院和托兒所調查幼兒體內的化學殘留物以及生殖器官的異常現象；而勞動省也要求各事業單位提出化學物質排放量的報告；另外建設省針對日本國內的河川和汙

水處理廠、垃圾焚化爐等，展開大規模的調查，以避免環境荷爾蒙的遺毒，扼殺了人類的生機。

　　環境荷爾蒙，究竟具有什麼威脅力呢？雖然還沒有明確的證實，但是，專家推測河川的魚貝類會出現雌雄不分，男性精蟲大減、睪丸縮小，甚至癌症等病例，很可能應該和環境荷爾蒙都有直接關連。歐美一些湖泊發現生殖器異常短小的鱷魚、陰陽魚或大群死鳥之後，專家研究這很可能是 DDT 、 PCB 多氯聯苯等這類化學物質所影響的，而這些都會形成環境荷爾蒙干擾生物體內的內分泌系統。微量的戴奧辛或多氯聯苯都足以致癌，母乳中如果含過量的化學物質，小孩也會遭殃，像是十幾年前臺灣發生的多氯聯苯中毒案，受害人的後代很多都出現智商低、身高矮、陰莖短小的現象。日常生活中，除了工業廢水之外，含洗潔劑的水也會影響生態，另外，雙酚甲烷-A (BISPHENOL-A) 是許多塑膠用品的

原料，它有類似女性動情激素的功能，這種材質的奶瓶、碗盤，飲料罐頭裡的表層薄膜、牙醫使用的添補物等，都含有雙酚甲烷 A 的環境荷爾蒙，會造成攝護腺肥大，而這也是腫瘤癌症的前兆，甚至有些建築材料會引起頭痛身體不適，這都與環境荷爾蒙有關。前一陣子還傳出，自來水中消毒產生的氟氯碳化物，孕婦喝了含量過多的這種水很容易流產。

最近日本也發現了陰陽不分的魚貝類，鯉魚的睪丸出現異常縮小，母貝類長出雄性生殖器官，雄性魚或貝類的睪丸變小，精蟲大減等情況；一般預測為受到環境荷爾蒙影響的可能性極大。因為環境荷爾蒙與女性荷爾蒙具有相近特質，所以公的生物很可能變成母的。有關精蟲數目以及活動的情形，日本帝京大學醫學部曾經針對 50 名 20 幾歲日本男性做實驗，結果發現，只有兩人擁有正常數量的精蟲，日本人開始擔心要面臨滅種的危

機，其實，6 年前，丹麥的科學家就以全球一萬五千名男性為對象，進行精蟲調查。結果顯示， **1940 年男性的平均精蟲數是 1 億 1300 萬隻，到了 1990 年，竟大降一半只有 6600 萬隻，而且精液量從 3.4 毫升降到 2.75 毫升，精蟲活躍度也遲鈍了許多，最後導致不孕。**很多科學家認為這是工業化學物質和藥品，模擬性激素而擾亂了性器官的正常發育。雖然還未正式證實，不過垃圾焚燒產生的戴奧辛、殺蟲劑以及農藥等等，所謂環境荷爾蒙的化學物質，如果累積到一定程度時，對神經系統、內分泌系統、免疫系統，會造成傷害，甚至動物會出現陰陽不分的現象。至於為什麼環境污染等會帶來性的危機呢？

科學家說，在正常情況下，**像睪丸、卵巢等身體的性腺，會釋放性激素，這些激素會與細胞上的受體結合，而帶來身體的變化，但是有許多人造化學合成物也**

模擬性激素，與這些受體結合，所以很可能會出現陰陽不分的後代。

專家也認為，乳癌、前列腺癌、男性不孕、女性子宮內膜異位等，很可能都與環境汙染有關，很多化學物質形成環境荷爾蒙干擾人體的問題，在先進國家中已廣泛的被探討中。環境荷爾蒙，也被公認是會遺禍子孫的跨世代新毒物。環境荷爾蒙最可怕的就是，光是一點點份量就足以干擾生物的內分泌系統，除了阻礙荷爾蒙的生成，影響生殖機能外、也會使免疫系統起病變，導致很多病源成謎，只能以癌症來統稱；國際癌症研究中心(IARA)已經證實肝癌、胃癌、淋巴癌就與環境荷爾蒙這種物質有關。由於它們的分子構造，三度空間結構與人體自然用胺基酸或膽固醇為原料依照 DNA 基因與酵素促成的荷爾蒙很類似，會佔據細胞表面感應受體(Receptors)的位置，讓自然人體分泌的代謝反應亂成一團，而使人

體嚴重失調，**這種欺騙細胞表面荷爾蒙受體的化學物，**

統稱爲環境荷爾蒙，就是有別於人體荷爾蒙的稱呼。臺

灣中南部最近嚴重的工業廢棄物污染問題極爲麻煩，若

不趕緊採取對策，禍延子孫，就不堪設想了！

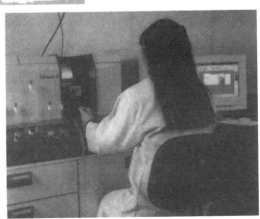

激素這種蛋白質，要以 HPLC（高效液相層析儀）來分析。

第三章

HGH 人類生長激素 Soma-totropin(Somatotrophin)

仁慈人造福自己；

　　強暴人殘害己身。

箴言十：17

第一節：HGH對人體生長的功效

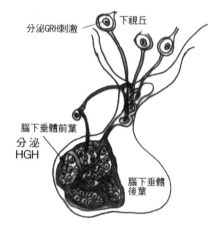

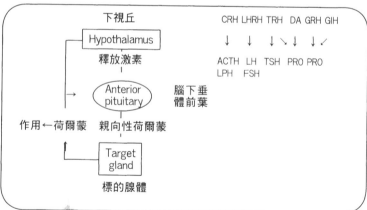

長久以來，一些醫學界，認為腦部有一種能促進人

體生長的東西，直到 1912 年，當時一位偉大的解剖外科

哈維醫師 (Dr.Harvey Cushing) 就把這東西定名為生長的荷爾蒙 (the hormone of growth)。而科學家們直到 1956 年才由猴腦與人腦中分離出純粹的生長荷爾蒙，在 1958 年內分泌醫師繆律司拉賓才正式把 HGH 用在臨床治療上；治療發現，身高不良的兒童經 HGH 注射後，有顯著的促長其身高，到此，HGH 才被世人認定真正名符其實是生長的激素。

生長激素是人類最重要的荷爾蒙之一；因為它是由人體內腦部正中央，鼻咽部上方的腦下垂體前葉所分泌，這東西與其它的哺乳類動物荷爾蒙不一樣的地方，在於**人類的生長激素是非常專一性。其他動物的生長激素對人類是完全不相容的。** HGH 不像胰島素，還能與一些哺乳類的胰島素暫時代用，人類的胰島素有 51 個胺基酸序列，而最早使用於人體糖尿病治療的是萃取自牛體的胰島素，這種牛體的胰島素有 3 個胺基酸序列與人類

的不同，但人體卻尚能使用它一陣子，才會產生抗體而使該物失效；接著又發現豬的胰島素，也能用來補充人體胰島素的不足；它的胺基酸序列只有 1 個與人類的不同，由於與人類的較相近似，所以其使用的效力也較長，同時較無副作用。**但是人類的細胞表面受體對生長激素這種人類最重要的荷爾蒙就極為挑惕，除非與人類HGH 的 191 個序列胺基酸完全一致，就沒有效果了！**因此，以往它在臨床上最大的限制是，它都是由死去人體之腦下垂體中，提煉出來的。這需要用去數千個死人的腦子才可提煉出幾滴的 HGH，要五百個蒐集的腦下垂體才能供應一個人使用；而且一次注射需幾萬美金，根本不是一般百姓能負擔得起。只是這時候，FDA 也只批准 HGH 使用在侏儒症等無法正常成長的小孩身上。

臨床治療有美國史丹佛大學研究人員針對 121 位確定矮小兒童進行補充 HGH 臨床報告指出，補充 HGH 使該

等矮小兒童，經 2-10 年繼續使用，共有 80 位身高達成正常理想高度，比未使用 HGH 的對照組男生長高約 9.2 公分，女生高出 5.75 公分。而新英格蘭醫學雜誌報導，兒童成年前持續使用 HGH ，到成人時身高會比未服用 HGH 者增高 2 inches（5 公分）左右。但是**對於已達成人年齡與性成熟者的身高促進，則沒有用；因為性激素一方面使男女的性器官成熟，一方面也會封閉骨頭拉長的生長板，才不致使人不停的長高而變成巨人。**

美國北卡羅萊那大學研究員，在前年九月 The Journal of Pediatrics （小兒醫學會誌），報告指出：「針對矮小孩童曾經以十年的時間，從全國選出 195 位 5 歲矮小孩童，做為期 3 年的 HGH 治療實驗，最後再分析比對這群平均 11 歲的孩童之身心狀況；評估方法是對受測者之智商指數、學業成績、社交表現、行為偏差等指標作前後對比。受試者有 109 位確為缺 HGH 而矮小，最後

有 72 位完成全程測驗，另 86 位因不明原因矮小者，最後也有 59 位完成全程測驗。這研究結果顯示出三分之一受試驗者，在治療前有學習障礙；經 HGH 治療後，其智商指數、學業成績有顯著改善；而社交技巧與行為偏差就因 HGH 的治療後，變得比以前活潑開朗，注意力也特別集中，人際關係大大的改善。而且這些改善還是只有短短 6 個月，就能見到初步成效。」

研究人員都認為，生長激素極為重要，雖然它作用較慢，不像胰島素般分泌不足降太低，就馬上有令人休克死亡的威脅；但 HGH 它的分泌，卻與人的全身機能有極密切且長期性的影響。

HGH 缺乏的人，其精神較萎靡不振，情緒較不穩定，體能衰弱，沒有性慾，社交能力不足，缺乏幹勁，注意力不集中，記憶力也差。如果你有這些現象，應該找內心泌科醫師檢查一下。

第二節：HGH治療的歷史波折

由於 HGH 是由人體腦下垂體前葉分泌，每個腦下垂體重量約 0.6~0.8 公克，以前為取得腦下垂體的生長激素，需要收集 500 個到 15,000 個屍體中的腺體集成一組，才能萃取出夠用的 HGH。

據說，德國納粹就曾利用屠殺的猶太人收集的腦下垂體，萃取出不少 HGH 來做實驗與治療，但未曾正式有發表研究資料；而正式發表的研究報告，所有取得研究的 HGH 來源，必須指定由美國的 NHPP（國家荷爾蒙腦垂腺計畫中心）與英國大不列顛醫學研究署及其指定的兩家廠商（SERONO LAB. 與 KABI VITRUM）供應，由於經這些單位提供的 HGH 發生了問題，就是有 3 位經注射 HGH 治療的患者，發生感染腦疾的死亡病歷；為此，美國食品藥物管理局擔心這樣萃取的 HGH 被病毒污

染到，而發出通告收回市面上的所有 HGH 產品。經調查
發現，這種感染經注射 HGH 治療患者的病，鑑定爲克雷
茲費爾德特－雅克博氏症 (CJD)，患者腦部錯亂壞死，無
藥可治，現在簡稱此爲狂牛 (mad cow) 症；美國醫療研
究機構的統計顯示：在當時美國，平均每一萬人中就有
一位死於此克雷茲費爾德特－雅克博氏病症。根據每一
批收集 500 到 20,000 的死人腦下垂體來萃取 HGH，會
感染此種致命病毒的機會極高，不易克服。除非，針對
每位被收集腦下垂體的死亡者，詳細查明其生前病歷，
事前先淘汰。但由於此克雷茲費爾德特－雅克博氏病病
於患者的潛伏期很長，眞是令人防不勝防。

爲了這種風險， 1985 年， FDA 公告禁止使用從人
腦萃取的 HGH 於治療上。使得利用 HGH 來治療的研
究，有一段時間的空檔。所幸，藉著基因工程的突飛猛
進，以人工方式利用 DNA 限制酵素與連接酵素 (DNA

Ligase) 等剪接技術，將人體製造 HGH 的基因片斷植入

E.coli 菌，來爲我們生產完全與人體自然分泌完全相同

的 HGH ，使我們進入另一個 HGH 造福全人類的領域

了。

生長激素的構造

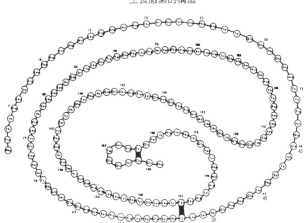

HGH 是人體每個細胞都認識的最重要激素，因爲它的密碼是 191 個字母串寫下來的，不易僞造，HGH 的價值也非凡。

HGH 在 1956 年才被成功分離出來，而直到 1972 年它的化學結構式才被確定下來。

第三節：HGH 的生物科技合成與基因工程的誕生

1984 年諾貝爾化學獎得主是美紐約洛克菲勒大學的梅里菲爾德博士，主要是因他發展出縮胺酸與蛋白質合成的研究，特別是其「固相縮胺酸合成法」的發明，這種方法能夠製造出與生物體內自然生產的一些蛋白質完成一樣的東西。我們統稱此種產品爲蛋白質類似物（Analogue），這些物質一樣有生物活性，若稍微修飾該類似物，則能產生更具生物活性的物質。

最早合成縮胺酸的是費雪博士（ 1902 年諾貝爾化學獎得主），在 20 世紀初成功， 1953 年後才有生理活性的縮胺酸被合成，那就是 Oxytocin （催產素）與 Vaso-pressin （血管加壓素）都爲由 9 個胺基酸串聯成的縮胺酸，但是傳統生產這縮胺酸的方式很費時又費事，收率

極低；梅里菲爾德博士就是想出一種革命性妙法，他把合成中的 Peptide 鍵，一直以共價鍵連接在不溶的固體小珠粒上，這樣可沖洗過濾過剩的反應物或副產物。其分離法不會造成縮胺酸的損失，更能做成自動化。這個小珠粒就是直徑 50 μ m 的聚苯乙烯；將它修飾帶上氯甲基，就成了有名的梅里菲爾德樹脂，接著就以此作反應的固定器，經接合、去保護團、中合等三步驟，一個一個把胺基酸接上去。等完成接序後再以氫氟酸將它從梅里菲爾德樹脂切下來。

下表為主要 20 種胺基酸的種類（結構式左方為共同相似的官能基，其他不同的構成蛋白質的特殊三維架構，也就是鑰匙的凹凸起伏齒形的部位）

註：縮胺酸（peptide）又稱胜肽。

20 種胺基酸表

名　稱	符　號	結　構　式
Alanine　丙胺酸	Ala　A	HOOC—CH—CH₃ (NH₂)
Arginine　精胺酸	Arg　R	HOOC—CH—CH₂—CH₂—CH₂—NH—C(NH)(NH₂) (NH₂)
Asparagine　天冬醯胺	Asn　N	HOOC—CH—CH₂—C(=O)—NH₂ (NH₂)
Aspartic Acid　天冬胺酸	Asp　D	HOOC—CH—CH₂—COOH (NH₂)
Cysteine　胱胺酸	Cys　C	HOOC—CH—CH₂—SH (NH₂)
Glutamic Aied　穀胺酸	Glu　E	HOOC—CH—CH₂—CH₂—COOH (NH₂)
Glutamine　穀氨醯胺	Gln　Q	HOOC—CH—CH₂—CH₂—C(=O)—NH₂ (NH₂)
Glycine　甘胺酸	Gly　G	HOOC—CH—H (NH₂)
Histidine　組胺酸	His　H	HOOC—CH—CH₂— (NH₂)
Isoleucine　異亮胺酸	Ile　I	HOOC—CH—CH—CH₂—CH₃ (NH₂)(CH₃)
Leucine　亮胺酸	Leu　L	HOOC—CH—CH₂—CH—CH₃ (NH₂)(CH₃)
Lysine　離胺酸	Lys　K	HOOC—CH—CH₂—CH₂—CH₂—CH₂—NH₂ (NH₂)
Methionine　蛋胺酸	Met　M	HOOC—CH—CH₂—CH₂—S—CH₃ (NH₂)
Phenylalanine　苯丙胺酸	Phe　F	HOOC—CH—CH₂— (NH₂)
Proline　脯胺酸	Pro　P	HOOK— (H)
Serine　絲胺酸	Ser　S	HOOC—CH—CH₂—OH (NH₂)
Threonine　蘇胺酸	Thr　T	HOOC—CH—CH—CH₃ (NH₂)(OH)
Tryptophan　色胺酸	Trp　W	HOOC—CH—CH₂— (NH₂)
Tyrosine　酪胺酸	Tyr　Y	HOOC—CH—CH₂——OH (NH₂)
Valine　纈胺酸	Val　V	HOOC—CH—CH—CH₃ (NH₂)(CH₃)

1966 ～ 1967 年終於完成了 Insulin （胰島素）的合成，這是 51 個胺基酸串聯的聚合物， 1970 年又完成了 124 個胺基酸串聯的聚合物 Ribonuclease （核糖核酸酵素），共經過 369 個化學反應， 11931 個處理步驟。經過化學家不斷的改善，目前， 50 個胺基酸以下序列的縮胺酸已經可以用改良的交錯保護方式一氣喝成的生產了。但是對於像生長激素 191 個胺基酸串聯這麼大的序列分子就無法順利以此法生產，幸而利用基因工程的方式，可以利用微生物來幫忙生產我們需要的 HGH 這東西，終於被研究出來了。

100 個胺基酸以下的稱縮胺酸， 100 個胺基酸以上的稱蛋白質，蛋白質的合成實在是很大的工程，生產出來的成本會貴得不得了；對於 HGH 這樣的蛋白質，還是需要借力使力，以生物科技的方法生產較有利。生物科技合成 HGH 的方法，主要是利用 DNA 基因轉移的原理

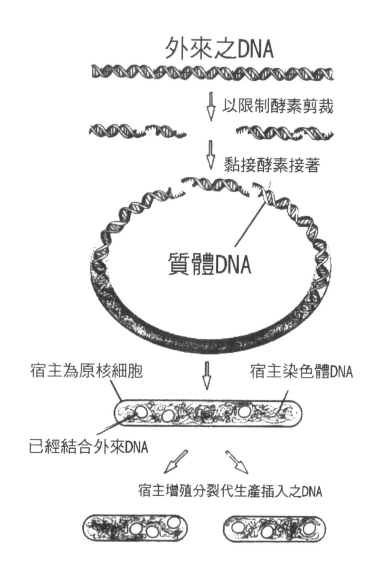

外來之DNA

以限制酵素剪裁

黏接酵素接著

質體DNA

宿主為原核細胞　　　　　宿主染色體DNA

已經結合外來DNA

宿主增殖分裂代生產插入之DNA

來進行。如左圖，右圖爲同樣以基因工程合成的胰島素

分子化學結構， 1982 年，禮來公司以此產品獲 FDA 核

准上市，是第一個上市的基因工程產品。

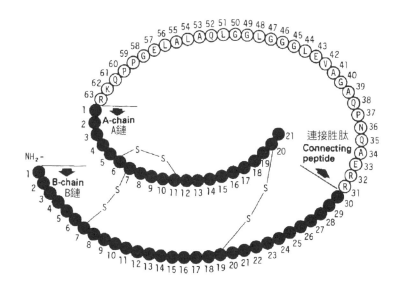

胰島素的構造式

胰島素分成含 21 個胺基酸的 A 鏈，和含 30 個胺基酸的 B 鏈，兩
個鏈間有兩個雙硫鏈連接起來。它的相對基因位於人類第 11 對染
色體短臂上。在血漿中的半衰期只有 5 分鐘。

　　這項技術，其實是從病毒感染細胞的反應過程來修改模擬，以下就是病毒或噬菌體的 DNA，如何喧賓奪主的經過。

　　一旦病毒或噬菌體等基因，由外逐漸侵入生物的細胞中，如果放任不管，細胞將會被這種 DNA 所支配。因此細胞就在演化過程中發展出所謂的限制酵素，它就是把入侵者視為敵人並加以擊退，其任務在於保護原來的細胞，它能辨識由外入侵的 DNA，並將它切斷，使入侵的 DNA 無法發揮其作用；而自己的 DNA 則不會被切斷。換句話說，自己的 DNA 有對應這種切斷的配對方式；由於該部分先經過化學處理，因此，限制酵素就視其為「不應被切斷的配對」，而使其保持原狀。

　　限制酵素是自然界中相當巧妙的結構，可說是為了護種而產生的自我防衛武器之一。它所扮演的角色就好像忠心的家犬，不會對自己的家人吠叫，但對於不認識

的人跑到家裡，就會表現出齜牙裂嘴的樣子。大部分的細胞，都具備一種到數種的限制酵素。限制酵素具有認識特定的鹽基配對，並加以切斷的功能；不過，其切斷的方式有兩種：一是認識特定的鹽基配對，在同樣的地方抹上漿糊再切割；另一種則是將利用相同的限制酵素來切割的話，DNA 切口的配對是相同的，因此兩邊會互相結合。**所謂限制酵素，就是極為便利的，塗上漿糊來切割 DNA 的工具。**具體來說，若以某限制酵素來切斷「欲重組的基因」，而另一邊的運轉質體亦用相同的限制酵素來切割，想重組的基因就好像正片與負片的關係，自然會結合在質體上。**而被切斷之處，就會以連結酵素 (DNA Ligase) 來銜接著。**這種限制酵素，日前已發現有二百種以上。 一九七二年，美國史丹佛大學的巴克等人，在試管中利用酵素反應，使弱毒性的噬菌體與哺乳動物癌病毒的一種 DNA 連結在一起，首次成功地製造出人工的混種 DNA。

一九七三年，史丹佛大學的柯恩等人使兩種質體連結在一起，成功地植入大腸菌細胞中，這便是將人工重組的基因植入細胞最早的研究。而且，柯恩的研究小組還在質體上組合青蛙的核糖體 RNA 基因，並植入大腸菌中，確認了混種 DNA 質體通常與繁殖無關，而與細胞的性質有關。自然增殖後會由原來的細胞進入別的細胞，也就是扮演類似入侵者的角色。現在，質體通常在類似大腸菌的生物、酵母、黴菌中被發現。大腸菌被稱為原核生物，其 DNA 就赤裸裸地分布在細胞中；而酵母、黴菌稱真核生物， DNA 存在於染色體中。染色體為核膜所包圍。基因的司機是『質體』，質體像入侵者一樣，會侵入其他細胞，扮演「基因司機」的角色，並將自己生存必備的資訊傳遞給同伴。而基因重組就是巧妙運用質體性質的技術。

質體侵入其他細胞後，會轉譯自己的遺傳資訊，並

製造蛋白質。因此,在基因重組技術中,就把它當作遺傳媒介。但是,質體無法非常順利地通過細胞膜;研究者在進行各種假設與不斷實驗的結果,終於發現必須先

HGH 利用 E-coli 代爲生產圖解

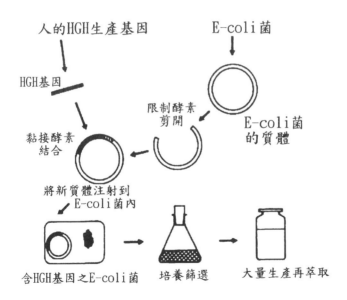

適切處理細胞膜。除了前述的質體，一種被稱爲噬菌體的病毒，亦被用來當作遺傳媒介。噬菌體爲 DNA ，單獨存在於由蛋白質形成的外被中心，亦稱爲細菌病毒。在細胞內增殖的話，便會衝破細胞，陸續感染其他細胞。在基因重組技術中通常是運用弱毒性的安全噬菌體。

　　北美的 Genentech 公司爲研發此技術，花費一億美金以上的資金，其方式是用大腸菌中寄生的環狀質體來當載體，先以限制酵素剪斷該質體的 DNA ，另一方面則由腦下垂體細胞中大量抽出傳訊者 RNA ，其中，含有多量的能合成 HGH 訊息的傳訊者 RNA ；此時用逆轉錄酵素將單鍊的 RNA 合成雙股鍊的 DNA ，當然，此時尚未能明確知道那一段是有效能生產 HGH 的 DNA 片段。緊接著就將此種初步做出的 DNA ，利用連接酵素插入前面己抽出並經切出片斷的大腸菌質體的 DNA 上。此後，再把新剪接的質體送回大腸菌體內。接著重新培養此種菌體於

洋菜培養基上，等長出菌落後，以覆蓋一層濾片來篩選，濾片是載入一段 DNA，此 DNA 含有製造 HGH 的訊息，並植入放射性物質，它會聚集到具有生產 HGH 能力的菌落上，放射性會使底片感光，應用這性質，就能挑選出對 HGH 具有生產能力的大腸菌群。這時再挑出進行大量生產。經過低溫處理殺菌後，離心取得菌體，打碎後，再低溫處理並再離心，取得含 HGH 的蛋白質顆粒，接下來去雜質，再以色層分離與溶液交換法純化；接下來，要把多餘的胺基酸鍊去除。經這麼多程序尚不足，需要再滅菌與純化的手續，先冷凍乾燥起來，以確定化學結構是和人體天然分泌的 HGH 完全相符合後，才能算是完成生產程序。當我們取出冷凍乾燥品出來使用前，必須先經過加入溶劑以無菌過濾手續及無菌無塵密封環境下，再封裝入各小小無菌玻璃瓶中。 Genentech 公司出品的 HGH 名稱是「 Protropin®註」在 1985 年獲 FDA 核准上市。而 Eli Lilly （禮來藥廠）也因為擁有此技

術，經一段長約八年訴訟後同意逐年補償 Genentec 公司一億四千五百萬美元，就擁有共同獨家的生產販賣權，禮來藥廠的 HGH 稱「Humatrope®」；但是因為這些公司投龐大資金，雖然取得了這種生產技術的專利權，卻因為使用於人體的種種法令限制，與 FDA 嚴格把關，雖美聯邦政府有「孤兒藥劑法案補助金」的資助，剛上市時實際上並沒有賺到大錢。

缺乏 HGH 的幼童每年每名補充 HGH 療程每年費用是美金一萬五千元，由上述基金補助。在 1989 年約有 15,000 名兒童被鑑定須給予 HGH 治療，市場銷售額有一億兩千兩百多萬美金；但到 1995 年美國竟然有 30,000 兒童患者，全世界銷量逼近十億美元。這些專利權因為到 2004 年就到期，藉時人們就能更便宜享受這種生物科技的成果了！

目前這種技術，越來越成熟，如 EPO 紅血球生成

素，干擾素，tPa 胞漿原活化素等，為人類健康開一扇大門！這些年來基因解碼，讓我們已經知控制**生產 HGH 的基因位在人類第 17 號染色體長臂一端的中間位置**；未來剪接該基因生產方式會開發出來；不同於目前以 RNA 逆轉錄方式組成的 DNA 方式。

在 1996 年 8 月，美國 FDA 終於正式宣布，批准 HGH 在臨床使用於任何缺乏 HGH 的患者，不論是腦下垂體或下視丘受傷以及因為手術或放射線治療引起的症狀皆可使用。FDA 也批准對於缺乏 IGF-1 的病患得以 HGH 來治療。

註：Protropin [®] 比標準的 HGH 分子中 191 個胺基酸，在 N 端多一個甲硫胺酸 (Methionine)，共有 192 個胺基酸，而禮來公司的 Humatrope [®] 則是標準的 191 個胺基酸。另一家 Novo Nordisk 公司在 1988 年出品 Norditropin [®] 也是 191 個胺基酸序列的 HGH。

第四節：HGH的分泌量隨著年齡而減少

　　人類的生長激素 HGH 是由人類的腦下垂體前葉所分泌，分泌的細胞叫 Somatotroph(Somatotrope)。腦下垂體前葉有 50% 的細胞是 somatotroph。它所分泌出來最多的荷爾蒙是 HGH，最近也發現免疫系統中的淋巴球細胞中也能分泌少量 HGH。

　　當 HGH 分泌出來後，就進入血液，接著被肝臟所吸收，再於肝臟中轉變成不同的生長因子(growth factor) 來進行各種生化作用，**其中以胰島素類似生長因子-1 號(IGF-I) 最重要，此 IGF-1 又稱爲 Somatomedin-C（體介素）**，是 70 個胺基酸串聯起來的縮胺酸；它主要作用於血糖的利用、蛋白質的合成、DNA 的合成、RNA 的合成、骨骼的生長、細胞分裂、脂肪分解、腎功能提

升、紅血球的製造、免疫系統的增強；可以說身體內每一個器官的發育生長，都需要 HGH 和這種生長因子。

HGH 的分泌是依照生理時鐘變化來進行；一般起居正常者，以晚上分泌最多 (11:OOPM 到 1:OOAM)。其次是清晨空腹時間，以及在下午四點鐘空腹時，各有一波分泌高峰；其它許多因素也可刺激 HGH 的分泌，像運動、壓力、情緒、興奮以及饑餓，包括節食等。而肥胖者其體內游離脂肪酸與嗜吃甜食者其糖份能抑制 HGH 的分泌。

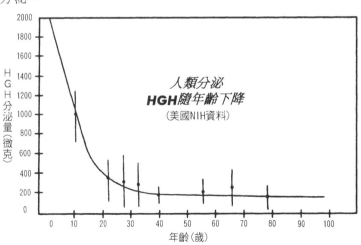

一般人 HGH 的分泌量會隨著年齡而減少，20 歲時每日標準分泌值為 500microgram，血中濃度 10 μ g/10cc；40 歲每日標準分泌值剩 200microgram，血中濃度 4 μ g/10cc；到 60 歲時，血中濃度只剩 2 μ g/10cc，一些已界 80 歲的老人，測量的每日標準分泌值低到 25 microgram，血中濃度幾乎測不出。根據美國多年來醫療統計；從 21 到 31 歲以後，平均每十年減少 14% 以上，因此 60 歲時只有年輕人的一半不到；80 歲時只有年輕時的二十分之一到五分之一。

HGH 權威 Dr. Daniel Rudman 則以血漿中較穩定容易測得的 IGF-1 作人體中生長激素指標，低於 350 I.U 為最低標準。凡是血漿中 IGF-1 濃度低於此數據的皆為不足，需要補充。20 歲至 40 歲健康的男性中，僅有不到 5 % 的低於此值，但是一到 60 歲有 30% 看似正常的男性，IGF-1 就不夠了；過 65 歲，約有半數不及格。

　　HGH 分泌會隨年齡而減少的原因，依各派學者的解釋有下面所列三種；到目前爲止，仍然以第三種解釋較佔上風，對於眞正的原因，仍待科學家研究。

1. 自體回饋環的作用，當身體內 IGF-1 減低時，會傳送訊號到腦下垂體，使它分泌較多的 HGH，這個自體回饋環功能隨年齡而減退，一般論點是分泌 HGH 的腺體細胞表面的受體蛋白減少了或受損，受體數量減少漸漸老化不敏感。就好像第二型糖尿病患者之胰島素因年紀大而產生抗性的機構一般。

2. 會抑制 HGH 分泌的因子，隨年齡增加而越來越多，使分泌的量受抑制。

3. HGH 的分泌，受到腦部下視丘 Hypothalamus 所分泌的兩種賀爾蒙的影響而調節：

A) Growth Hormone Releasing Hormone(GHRH)：

這是下視丘控制 HGH 分泌的上一層刺激激素，此又稱 Somatocrinin(SRF、SRH) 有譯名爲體促素，是種含有 44 個胺基酸的縮胺酸；它負責活化第二傳訊者 cAMP，促成腦下垂體前葉細胞受體感應來進行分泌 HGH，這種 GHRH 一生濃度都很穩定。

B) Growth Hormone Release Inhibiting Hormone (GHRIH)：此又稱 Somatostatin(SRIF) 有譯名爲體抑素：是種含有 14 個胺基酸的縮胺酸；這也是下視丘控制 HGH 分泌的上一層管制激素，能抑制 HGH 的分泌，它每天有波段性減少，通常一天 24 小時有 30 個波段起伏，此時即 HGH 分泌之高峰波段，但這種 Somatostatin 的濃度，隨年齡增長而增加，使 HGH 的分泌量漸漸減弱。特別是此體抑素也在胰島與腸管中合成，此胺基酸序列排成的小縮胺酸，形狀像英文字母 Q，上下兩邊各有不同的反應基。一

個反應基抑制胰島升糖素 (Glucagon) 的分泌；一個控制胰島素的分泌，然而此物質卻也會抑制 HGH 的分泌；所以當胰島素分泌出來，此種體抑素也跟著分泌來控制使胰島素不過度分泌；卻也會抑制住 HGH 的分泌。因此，糖份的攝取比例，不宜太高，可避免 HGH 分泌受影響。

增加HGH的分泌法

為了使身體的 HGH 保持年輕時候那麼高濃度的水準，除了靠 HGH 的注射或新式的舌下黏膜吸收外，對於增加 HGH 的分泌，也有各式各樣的報告指出，可分為以下幾種：

1. **利用物理方式的有**：按摩、指壓、舉重、跑步、跳舞等；尤其是有氧運動，能夠延長 HGH 分泌的時間，甚至長達 2 小時。對舉重類耐力運動則刺激 HGH 分

泌量大增。特別是在吃完飯後若太興奮，體內會分泌正腎上腺素，接著分泌升糖素 (Glucagon)，分解肝糖，使血糖升高，血糖一高，胰島素跟著出來，糖份就會走向脂肪組織，也就會越來越胖。若吃完飯，有一適當輕鬆活動，使血糖不過度升高，就能減少脂肪增加。依照美國統計，每天有一萬三千步的散步運動對身體極佳，飯後二十分鐘輕鬆走走十分鐘是有益的，若吃飽了就躺下來不動，看電視、休息，就不利身體健康。

2. **有心理方式的**：談戀愛、驚奇、害怕、狂喜、深睡等。這些都與一個人的社交活動有關，當人自己封閉在一個小圈圈內，不與人交往就沒有一些生活情趣，結果 HGH 也較不會增加分泌。當人因正面思維誘使腦波進入α波時，精神很輕鬆，HGH 的效果也特別提升；下午 4 點空腹時打盹一下，也能誘發

HGH 的分泌。若常常發脾氣，因腎上腺素的過多分泌，易傷害細胞，加上 HGH 不足，無法擋住自由基的攻擊，容易短命；所以個性沉穩的人較長壽，就是因爲體內自由基破壞比較少，HGH 較有效率的應用於細胞各種更新之故。

3. 至於藉著化學藥物刺激如：左旋-多巴素 (L-dopa)，它也是治療巴金森病患的藥物。L-Dihydroxyphenyla-lanine，一些胺基酸（ HGH 主要構成原料），尤其是 Arginine （精胺酸）、 Lysine （離胺酸）、 Ornithine （烏胺酸）、 Glutamine （胺基麩酸）、 Glycine （胺基乙酸）、 Tryptophane （色胺酸）、維他命 B6 、 B3 等以及 GHB(γ-hydroxybutylate) 這 GABA 前驅物質，皆能夠促進 HGH 分泌，但 GHB 這東西要小心使用，有些年輕濫用者以此做昏睡劑，造成社會問題。還有些報告則認爲 DHEA 與

Melatonine（褪黑激素）等激素，對 HGH 有刺激分泌來互相維持平衡的功效。

最近由於 Protein Engineering（蛋白質工程）技術的發展，一些 Medium-Chain Tripeptide（三聚縮胺酸）如 TA-5 等更具有促發腦下垂體前葉分泌更多 HGH 的報導，而讓我們能獲得更自然分泌的自體 HGH，這是我們的一大福音。最簡單的方式是多運動，多吃蛋白質含量豐富的魚、雞肉、蛋、牛奶等，維生素與礦物質不可缺，水分要補充足夠。但是對澱粉類則要適量就好，而高脂肪食物、含糖的甜飲料、甜點、果汁、有酒精含量的飲料等少用為宜， 這些東西會抑制 HGH 的分泌，特別是睡覺前，絕對不可吃或喝甜的東西，因為這些食物會引起胰島素分泌，造成肥胖，而且對 HGH 的分泌有不利的影響。

4. 最近很流行的斷食療法，其實最重要的功效是激發

人體自然分泌出 HGH，研究發現經過數天的斷食後，其自體產生的 HGH 幾乎要高達巨人症的濃度；但是充足的水份決不能少，一天要分早、中、晚三段時間，喝 2000 到 3000CC 的水。斷食除了能清除一些對人體不良的廢物外，還有進行身體修補與調整的功能。所以一些宗教大師的閉關斷食，不止其靈性進行修練，身體的健康與恢復年輕更有明顯的效果。所以自古以來，常常聽說某大師經常閉關，雖年歲已經過百，仍然童顏鶴髮、健步如飛、反應敏銳，我想，他的 HGH 分泌一定非常充分。但若要採取斷食，一定要了解自己身體狀況，有醫師及有經驗者的指導，才安全。

5. 對發育中兒童應注意事項，兒童生長發育對 HGH 的需要是非常要緊的， HGH 能誘發 IGF-1 與 IGF-2 等重要的生長因子，對於體能、智能的發展存在著

關鍵性的影響。由於，目前工商業發達的環境，家庭都要雙親上班工作，兒童就較無法由母親關照到其飲食，常常見到小孩零用金亂花在所謂的垃圾高脂食品或高糖份的飲料上。

由於糖類與脂肪是 HGH 分泌的抑制因素之一，所以家長們或學校的老師們應該特別注意此事項；當吃澱粉質食物後，三十分鐘後血糖質升高，胰島素也分泌旺盛，約二小時後，血液才會漸次恢復正常值，當血糖值較低時，也是 HGH 大量分泌與發揮作用之時。還有當食品中脂肪含量 40% 以上，HGH 的分泌也會受影響。因此，經常飲用甜的飲料會抑制 HGH 的分泌，特別是運動後與睡覺前一個半小時內，最好勿吃含澱粉與油脂的東西及含糖的飲料！

基於兒童發育的關係，HGH 主要原料的蛋白質、胺基酸必須充分補充，魚類、豆類、蛋類等特別要多吃，

同時，要有適當的運動，跑步、游泳，都很有益。還有
睡眠要充足，水分補充要足夠，則身體發育、腦筋發展
皆大大有利！

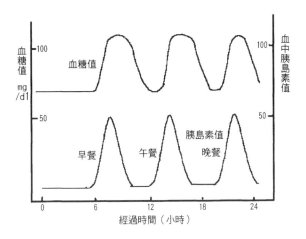

給生命奇蹟的ⒽⒼⒽ

轉載醫療保健新聞

　　標題：男人 45 歲以後，睡不好易發胖

中國時報 2000/8/17

　　（本報綜合芝加哥十五日外電報導）美國芝加國哥
大學十五日公佈的一項最新研究報告顯示，中年男性睡
眠品質不佳將導致生長荷爾蒙減少，進而發福增胖。這
篇刊登於本週出刊的（美國醫學協會期刊）上的報告
指，出大多數男性到了中年都會面臨嚴重的睡眠授冠特
指出，老化過程中荷爾蒙分泌量的某些改變，可能與睡
眠品質有關；醫生應該將睡眠視爲荷爾蒙變化的調節關
鍵。研究顯示，男性睡眠品質隨著老化而下降，生長荷
爾蒙分泌量也會減少，成長荷爾蒙的減少被認爲會導致
男性中年發福。研究人員目前正致力於透過各種新安眠
藥或荷爾蒙注射來減緩老化跡象。負責撰寫這篇研究報
告的寇特指出：若能增品深度睡眠，便可增加生長荷爾

蒙的分泌。這項研究僅調查健康男性的睡眠，目前並不清楚上述發現是否適用於女性。寇特及其研究小組在一九八五年到一九九九年間研究一百四十九名十六至八十三歲男性的睡眠，發現當男性年屆四十五歲時，幾乎就喪失進入深度睡眠的能力，而男性通常是在深度睡眠狀態中，製造生長荷爾蒙。在老化研究中，生長荷爾蒙不足，向來與肥胖以及喪失肌肉群有關。

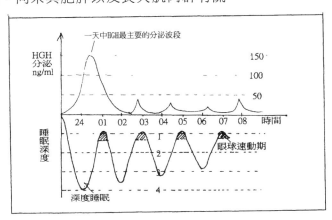

HGH 都是在深度睡眠期間，大量分泌出來。
以睡眠的第一到一個半小時最重要。

上圖為人進入睡眠後依照睡眠的腦波和活動將之分

成四種等級：睡眠品質要好，需要有深度的睡眠，進到第四級才容易誘發 HGH 的分泌，此睡眠期腦波為 θ 或 δ 波，若缺乏此種好的睡眠，HGH 會分泌得不足，造成如上篇報導的中年肥胖症。人的睡眠如上圖呈現一種波形循環，一次睡眠約有四次循環。眼球速動期就是所謂的 REM（雷姆睡眠期），作夢皆在此段，日本研究者就曾以環狀物感應器套在陰莖來測量成年男性勃起的時段，發現都在 REM 這段，此時，睪固酮分泌較旺盛，許多人睡醒時常有勃起情況，皆為淺睡（雷姆睡眠期）眼球速動期醒過來。

下圖取材自「科學眼」。說明腦波與人類在不同情
況下的變化。

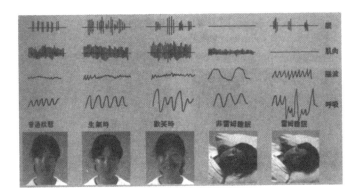

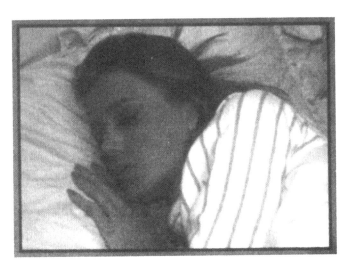

第四章

補充 HGH 能抗老化、回復青春

正直仁慈的人

必享長壽

箴言：二十一：21

第一節：Daniel Rudman 醫師的 HGH報告

　　早在 1985 年起，英國、瑞典、丹麥的研究人員對於老化的現象，皆認爲是人的腦下垂體生病了，應該以 HGH 補充來恢復人的正常分泌量。從很多實驗中顯示一些飲食經過嚴格控制的老鼠，都比同類對照組長壽兩倍，同時一些老化引起的疾病，如糖尿病、心臟病、癌症等在這些長壽鼠身上很少發生，以猴子做這方面的實驗也得到類似的結果，但眞正原因仍未明瞭。

　　對於將老化當做是一種疾病治療，起始於美國威斯康辛醫學院的 Daniel Rudman 醫師。於 1990 年 7 月 5 日，在新英格蘭醫學會誌 The New England Journal of Medicine （註）上他發表了那一篇震驚醫學界的論文，才算定下了 HGH 在抗老回春的不動本尊地位。題目是：

「HGH 作用於 60 歲以上老人的效果」

The New England
Journal of Medicine

©Copyright, 1990, by the Massachusetts Medical Society

| Volume 323 | JULY 5, 1990 | Number 1 |

EFFECTS OF HUMAN GROWTH HORMONE IN MEN OVER 60 YEARS OLD

DANIEL RUDMAN, M.D., AXEL G. FELLER, M.D., HOSKOTE S. NAGRAJ, M.D., GREGORY A. GERGANS, M.D.,
PARDEE Y. LALITHA, M.D., ALLEN F. GOLDBERG, D.D.S., ROBERT A. SCHLENKER, PH.D.,
LESTER COHN, M.D., INGE W. RUDMAN, B.S., AND DALE E. MATTSON, PH.D.

Abstract *Background.* The declining activity of the growth hormone–insulin-like growth factor I (IGF-I) axis with advancing age may contribute to the decrease in lean body mass and the increase in mass of adipose tissue that occur with aging.

Methods. To test this hypothesis, we studied 21 healthy men from 61 to 81 years old who had plasma IGF-I concentrations of less than 350 U per liter during a six-month base-line period and a six-month treatment period that followed. During the treatment period, 12 men (group 1) received approximately 0.03 mg of biosynthetic human growth hormone per kilogram of body weight subcutaneously three times a week, and 9 men (group 2) received no treatment. Plasma IGF-I levels were measured monthly. At the end of each period we measured lean body mass, the mass of adipose tissue, skin thickness (epidermis plus dermis), and bone density at nine skeletal sites.

Results. In group 1, the mean plasma IGF-I level rose into the youthful range of 500 to 1500 U per liter during treatment, whereas in group 2 it remained below 350 U per liter. The administration of human growth hormone for six months in group 1 was accompanied by an 8.8 percent increase in lean body mass, a 14.4 percent decrease in adipose-tissue mass, and a 1.6 percent increase in average lumbar vertebral bone density (P<0.05 in each instance). Skin thickness increased 7.1 percent (P = 0.07). There was no significant change in the bone density of the radius or proximal femur. In group 2 there was no significant change in lean body mass, the mass of adipose tissue, skin thickness, or bone density during treatment.

Conclusions. Diminished secretion of growth hormone is responsible in part for the decrease of lean body mass, the expansion of adipose-tissue mass, and the thinning of the skin that occur in old age. (N Engl J Med 1990; 323:1-6.)

（註）新英格蘭醫學會誌是全世界公認最頂尖級的醫學期刊；如全台灣有史以來，才被榮登刊出兩篇，其中一篇還是今年 2000 年 7 月份由長庚醫院眼科蔡瑞芳主任提出的論文『眼睛輪部幹細胞體外培養再插入人體的技術』，其主題內幹細胞（stem Cell）是全球生物科技熱門話題，細胞防止老化的機構在其幹細胞內端粒酵素的活性，它能使染色體更新分裂不會因端粒的損耗而停止複製，不至於因細胞無法更新而衰竭死亡。

這篇論文可以說是對 HGH 在臨床上，應用到抗衰老 (anti-aging) 研究之醫學史上的一座地標。他選擇了 21 位男性 61-81 歲做臨床實驗，他發現在實驗組 12 位使用 6 個月後，受試者肌肉的瘦肉量增加 8.8%，脂肪減少了 14.4%，皮膚增厚了 7.11%，骨質密度增加了 1.6%，肝臟重量增加了 19%，脾重量增加了 17%。 Rudman 博士的結論是這 12 位補充 HGH 的老人像是年青了 20 歲左右；而未補充 HGH 的 9 位則無任何改變。

緊接著對抗老化做更進一步研究的是 L.Cass Terry 博士，與 Edmund Chein 醫師。他們提出所謂的「HF-LD」（高頻率-低劑量）的 HGH 補充療法，將 HGH 治療會引起的副作用降至最低。他們以四分之一到二分之一的 Rudman 醫師建議劑量，也就是以 0.3~0.7 I.U 來注射到所有缺乏 HGH 的患者體內；共有 47 位 HGH 缺乏的患者，每日注射兩次。結果，經治療後，患者的 IGF-1

平均增加 61%，其最終 IGF-1 濃度都達到 384.5ng/ml
(301 ～ 574 ng/ml) 的標準值以上。他們也對所有經治療
的患者做一份問卷調查。患者的問卷調查指出：75% 的
患者體脂肪下降、肌肉力量增加、耐力轉佳、性生活更
滿意、皮膚變漂亮、生活品質提升、男性方面有 62% 表
示性器官搏起更爲持久。

**Effects of Human Growth Hormone Administration
(Low-dose / High-frequency) on Somatomedin C Blood Levels**

L. Cass Terry, M.D., Ph.D., Pharm. D.
Medical College of Wisconsin, Milwaukee, WI

Edmund Chein, M.D.
Palm Springs Life Extension Institute, Palm Springs, CA

Somatomedin C Blood levels (ng/ml)

	Before hGh	After hGH	Increase[1]
Mean	238.8	384.5	61%
STDEV	62 3	50.8	
SEM	9.1	7.4	
No. Patients	47.0	47.0	
MAX	366.0	574 0	
MIN	132.0	301.0	

[1] p< 0001

第二節：近十年來各國對HGH的報導

在過去十數年間，臨床上有超過 20,000 篇有關 HGH 的應用報告，效果令人鼓舞。使得美國 FDA 終於在 1996 年 8 月批准 HGH 在臨床上使用，可用來治療所有缺 HGH 的病人。

有關抗老化的報告，特別是國家老化研究院 (National Institute of Aging) 的實驗，非常的引起大家注意，這實驗是以 200 名男女（ 88 名男生平均 48 歲、112 位女性平均 51 歲 ）作為研究對象，測試前他們的 HGH 指標 - IGF-1 值為男生 135.22ng/ml ，女生 114.26ng/ml ；每日三餐控制總熱量在 3,000 到 4,000 卡路里，每日補充 HGH 約 2,000ng ，**6 個月後測 IGF-1 ，男性提高 109% ，女性提高 102% ，有 94 人膽固醇平**

均下降 14.8% ，三酸甘油脂下降 31% ；每個人皆感覺心理舒暢，肌肉增強，體脂減少，精力提升，皮膚細緻，髮絲變密。

瑞典方面， Gudmundur Johannson 醫師報告指出，以 HGH 治療 44 位年齡界於 23 ～ 66 歲男女；他們皆缺乏 HGH ，經補充治療後， Osteocalcin 骨中鈣蛋白濃度提高，患者情緒好轉，腦神經傳遞物質的 β -內啡呔（腦啡）水準提高、而多巴胺水準降低。

荷蘭的 Jan Berend Dejjem 醫師則報告缺乏 HGH 使 IGF-1 水準降低， IGF-1 水準低的患者，平均智商 (IQ) 都比較低，受教育的水平也低於一般人。

美國明尼蘇達州羅徹斯特 Mayo 醫療中心泌尿科 Levy JB.Husmann 醫師也報導以 HGH 治療因缺乏 HGH 而陰莖短小的患者，結果 8 位中有 7 位達到正常人長

度。

　　紐西蘭則有報導用 HGH 補充給受傷開刀的病患而使病人提前癒合傷口提早出院的新聞，一些**整型外科醫師也發現 HGH 能讓手術後傷口提早復合良好。**

　　1996 年新英格蘭醫學會誌也提到七位中至重度心臟衰弱的病患，在三個月心臟科標準治療方法外，另每天補充 HGH，結果患者左心室壁增厚、心臟收縮力、血液搏出量增加，心臟需氧量降低，運動能力增加。

　　維基尼亞沙若茲維大學研究人員指出**肥胖者分泌HGH 是正常人的四分之一，班森博士進一步指出中圍部份肥胖者才是抑制 HGH 的主要原因。**

　　有關報導極多，筆者謹挑選部份較有代表性資料，供讀者參考。

第三節：簡易的老化測定法

老化皆由血管最先開始，接著肌肉退化，糖尿病、痛風、高血壓、心臟病、一樣樣出現，從阻塞的血管開始引起這一連串的病變，究其因是脂肪的累積為始作俑者；因此，**腹部開始累積脂肪，就是通知我們要關心自己，已經開始走向老化之途；這也是我們要開始準備對抗老化的起點，一般人要觀察自己的老化，皮膚是最容易看出來的。**

既然 HGH 是對抗老化的唯一指標，我們要如何估計自己的老化程度呢？我們是否已經缺乏 HGH？有一個簡單而容易的實驗（瓦佛醫師提出）可測出你的老化度，就是所謂的「皮膚彈性試驗」：將妳的右手姆指及食指緊招住妳左手手背的皮膚五秒鐘，然後放掉，再看皮膚恢復到平滑所需的時間。

20-30 歲的人 0-1 秒

40-50 歲的人 2-5 秒

60-70 歲的人 10-44 秒

這方法主要是以皮膚中的 Collagen 與 Elastine 的含量來做老化的檢測；只是種參考，若覺得與標準值差異很多時，就宜請教自己的抗老化諮詢醫師做體內血液中 IGF-1 濃度檢測，依你的整體情況做 HGH 的補充治療。

另外問一問自己，有沒有下面這些現象？

1、工作時會不會常常覺得疲倦，沒有力氣？

2、是不是常常覺得緊張，容易沮喪，或是容易有情緒不穩定？

3、你常作運動也注意飲食，但仍然體重過重，肚子或

臀部，仍然不斷的增加脂肪。

4、是不是常覺得你的工作負擔太重？

5、你的皮膚是否太乾燥，開始有皺紋？

6、妳是否容易忘記事情；是否常常需要借助記憶標籤
　　來協助你記憶？

7、你覺得你看起來比你實際年齡老嗎？

8、你對異性的興趣有沒有減低？你的性生活如何？

9、你的頭頸部，上臂內側及腹部，是否開始突出？

10、你是否常覺得運動乏力？運動時喘得厲害？

11、你是否常容易失眠或睡不安穩？或醒來後仍然疲
　　憊？

12、你有沒有膽固醇過高的毛病？或高血壓的毛病？

13、你是否很容易生病？

14、妳是否不容易集中注意力？或不容易專心思考？

如果你對這些問題的回答大部分是"是"，那麼你已經很可能缺乏 HGH，但是最可靠的方法還是檢查 HGH 的指標，就是血液中 IGF-1 的含量；檢查血中 HGH 的含量，比較麻煩，要連續查 2-4 小時，每 20 分鐘檢驗一次。

對於 HGH 在人體血液中濃度的測定，是比較難的，這是因為 HGH 是 191 個胺基酸的蛋白質，存在血管中易被分解而半衰期 (Half-life) 只有 9 分鐘，以生化儀器抽血測試不容易；但改以 HGH 誘導出來的 IGF-1 來做指標測試就方便多了，因為 IGF-1 會與血液中 IGF 蛋白結合而不易分解，可以在血液中保持 24 小時的穩定性。

　　目前，通用的正常人血液中濃度標準值為 200ng/cc；
倘若低於 200ng/cc 時就表示缺乏 HGH 的分泌了。對於
兒童 HGH 體內濃度的測試，皆以兒童運動後抽血來量，
若 HGH 會上昇，則兒童雖矮小，應該非 HGH 缺乏。因
此小孩經常運動對自然分泌 HGH 極為有益。

對兒童測量生長激素，醫師皆在兒童運動後抽血。若生長激素分泌上
升，則表示兒童並不缺乏 HGH。

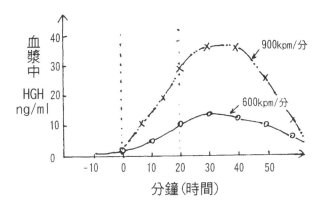

運動量與血漿中HGH濃度的經時變化圖

第四節：HGH爲何能回復青春

生長激素有下列許多好處，使人回復青春。

使用 HGH 有 30 種以上的效益，大部份的使用者暫時不會立刻見到明顯效果。因爲 HGH, 起初在體內活化你的細胞，先清理體內老舊廢料。還有因每個人的身體狀況、年齡、性能力、生活形態、身體脂肪標準，和吃的習慣的不同，其效果反應亦有不同。

不論你情況如何，以下是使用 HGH 數星期到半年間，你應可以立刻感受到明顯的效益：

1、增加肌肉中瘦肉量

HGH 分泌後，誘發肝臟分泌 IGF-1 這種較穩定的生長因子，IGF-1 的作用，可以促進肌肉細胞對（胺基酸）的吸收，促進細胞內部 DNA 及 RNA 之合成，促進

細胞外蛋白質的吸收，同時可以增加醣類以及氮元素之儲存。上面這些作用的結果是促進肌肉細胞的生長，以及增大細胞的尺寸，因此增加了肌肉強度以及運動之能力與表現。 Rudman 博士臨床實驗的 12 位老年人，在使用了六個月以後，瘦肉增加了 8.8%。（由於 HGH 的這個作用，在過去一直被運動員及健身者利用來增強他們的肌肉及他們的整體表現，不像使用同化類固醇，它在運動組織的藥物檢查中，查不出來，因此 HGH 一度在黑市上價錢被炒得很高。到現在 2000 年雪梨奧運會，大會也未能針對 HGH 測試與否，有一客觀檢驗標準。）這些肌肉，還包括所謂的平滑肌，對人體內臟的功能，有明顯的提升。在研究的對照組（未補充 HGH），他們的瘦肉組織與器官每年平均萎縮 2.5% 及 4.5%。

2、HGH可以減肥，去脂－『醫學上稱的減脂（Liposuction）』。HGH可以減肥的原因：

1）HGH 是體內脂肪要燃燒時，必須參與的重要角
色，體內所有的細胞都有賀爾蒙接受器，當 HGH 與
脂肪細胞的接受器接合後，發生一連串酵素反應，
它誘發分解酵素將 Adipose tissue（脂肪組織）的脂
肪轉成丙酮酸再轉變成葡萄糖進行燃燒，轉化成身
體所需的能量。使得脂肪的三酸甘油脂細胞被新陳
代謝掉，這個作用稱爲 Lipolysis（脂肪分解反應）。

當身體新陳代謝速率提高的時後，精神會更好，體
能也更佳，比以前更不怕寒冷，特別是冬季手腳會比較
溫暖。研究報告有指出經一個月的 HGH 補充，新陳代謝
速率提高 22%，整個人充滿活力，更會增加消耗卡路里
（熱量），身體脂肪自然會減少下來。

2）另外一個原因是 HGH 與胰島素有抗拮作用，胰島
素可以促進細胞對脂肪，醣及氨基酸等的吸收一稱
爲 Lipogenesis 脂肪合成作用，而 HGH 的作用剛好

相反。 Rudman 就用自動控制的車庫門來做比喻，
HGH 會使車庫（脂肪細胞），對電眼感應器遲鈍，
使車庫不讓外頭的車子（脂肪）跑到裡頭來；因此可
以防止體內脂肪的堆積。

**HGH 其實是目前所知，最強最有效的人體天然自產
的減肥起動因子，也是目前所知各種不同的瘦身計畫幕
後的真正主角。** HGH 所減少的脂肪大部分在腹部、臀部
及上臂的內側，最明顯。故 HGH 是唯一不需要病人每天
苦心計算熱量或注意飲食種類的一種最輕鬆的減肥方
法。

HGH 為何能減肥呢？這是當身體飲食後，血中葡萄
糖增加，胰島素就分泌出來，一部分葡萄糖會因胰島素
作用合成三酸甘油脂，再變成脂肪組織。有些生化專家
指出，當血液中血糖值 150mg/dl 以上時，反應的方向是
走向儲存為脂肪，只有在 100mg/dl 以下時才能進行燃

燒；所以減肥者忌甜食是很要緊的，吃太多糖份只有越來越肥而已。當空腹時，只有藉由 HGH 的誘導作用，配合腎上腺素與副腎上腺皮質素，才能把貯存的脂肪組織中脂肪進行分解；故適當刺激與合宜的運動，配合 HGH 才能有效實質自然的減肥，且完全無任何副作用！

人的體脂肪，特別是中年以後，腹部累積過多的脂肪，這樣又容易引起心臟病與糖尿病；美國薩葛蘭斯醫

美國USDA對人體健康體重身高相關圖表

體重 公斤

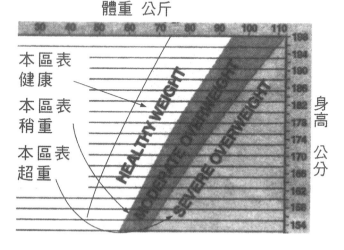

院的醫學報告就指出補充 HGH 在 6 個月中，特別能將肥胖者腹部深處脂肪降低 30% ，人體其他部位的脂肪減少 13% ；平均脂肪少掉 20% ，讓腹部中段的脂肪減少，不但身體更健康，身材也改善變苗條好看多了。

3、HGH可以增強身體的免疫系統

人體隨著年齡的增長，對於疾病的免疫防禦功能、也會減退，這主要是因為身體抵抗力與免疫力隨年齡而減退。 1985 年凱立博士曾發現位於胸骨頂端正後面的胸腺，是免疫系統中最重要的器官，**胸腺的功能是製造及促進 T-細胞的成熟。而 T 細胞是身體對抗疾病最重要的武器。** AIDS 病人就是缺乏 T 細胞，或 T 細胞遭病毒破壞了，抵抗力才會其差無比。

人體在 12 歲時胸腺開始萎縮，逐漸變成脂肪組織到 40 歲時萎縮到只有一枚葡萄乾般大小，到 60 歲時就完全

消失不見。 HGH 能使萎縮的胸腺再恢復到原來的大小，同時使身體製造更多的 T 細胞，新抗體、更多的紅血球、白血球及自然殺手 (N.K) 細胞，來抵抗疾病及癌症。

以色列免疫研究專家也證明 HGH 活化的不僅是 T 細胞，還能增加 Interleukin 2 的數量，白血球細胞也能增加恢復正常水準，更有正面效益的是促進 N.K（自然殺手）細胞的活動、使巨噬細胞吞噬能力上升、嗜中性白血球加速成熟。

由於骨髓是生產紅、白血球的主要器官，而骨髓中之主幹細胞，生產出的原粒細胞，是紅、白血球的母細胞，老化會使原粒細胞數量減少，造成紅、白血球的濃度低下。 HGH 已經在動物實驗中，證實能恢復原粒細胞的水準，人體實驗亦在積極研究中，當證實無誤時，HGH 對身體的免疫健康維護，增強對疾病的抵抗力，就

極具正面功效。

4、HGH有美容作用、能消除皺紋、使毛髮再生

使皮膚保持細緻光滑的最主要的成分，是兩種蛋白質：膠原蛋白 (Collagen) 及彈性蛋白 (Elastin)，再配合適度水份。隨著年齡增長，體內製造的 Collagen 及 Elastin 一直減少，又自由基也會引發蛋白質分解酵素的活性來破壞這兩種蛋白質，使細胞漸漸減低了保水能力，就如此產生出皺紋及粗糙無彈性的皮膚來了。

HGH 能夠防止自由基的破壞，促進蛋白質分解酵素的抑制素作用，減緩細胞中蛋白質的分解；並明顯促進 Collagen 、 Elastin 及其他蛋白質的合成。同時幫助腎臟促進鈉及水份的再吸收；加上前面我們講過的皮下瘦肉組織的增加，這綜合起來的效果，就是使皮膚更光滑，更有彈性，且使皺紋消失。另外 HGH 還可促進有些人毛髮

的生長，使其長得更快，毛髮的質地更厚，同時會更黑亮起來，有些人白髮還能變黑。

HGH 如上面所論，能促進蛋白質的合成，促進膠原蛋白、彈性蛋白的合成、加上促進血液循環，細胞內氮元素含量的增加。這些都可以促進皮膚細胞的新生及分裂，加快傷口的癒合。人類新生嬰兒的細胞，一般其含水百分率比較高，達到 90% 左右，故彈性細緻無比；中年以後，這些蛋白質越來越少，保持水分的能力就越來越低，皮膚表面就薄弱無彈性。細胞中蛋白質缺乏的老年人的細胞水份就只有嬰兒細胞水份的一半左右；因此，補充 HGH，讓細胞裡頭自然而然的合成膠原蛋白與彈性蛋白，讓皮膚細胞保水力提高，自然皮膚的彈性就會提高、皮膚細胞密度高，表面的皺紋就消失得非常快速明顯，比起在表面塗抹膠原蛋白類化妝品，可以更徹底更完美達到護膚美容的目的；**因此，美國的新一代美**

容專業人士給 HGH 的新封號是「瓶裝的美容手術」
(Aesthetic Plastic Surgery in a bottle)。

5、HGH能預防心臟病及中風、降低血壓

　　在美國頭號死亡殺手是心臟病、中風是第三位。高膽固醇及高血壓，是造成心臟病及中風重要原因。在膽固醇種類裡分成所謂的好膽固醇 HDL（高密度膽固醇）及壞膽固醇 LDL（低密度膽固醇）；LDL 是造成動脈血管粥狀硬化的主要原因。HGH 能夠降低 LDL，增加 HDL，同時也使血壓降低，主要是使縮張壓降低 10%。

　　動脈硬化在過去的觀念裡，認為是因為膽固醇凝塊依附在血管壁上所造成。最近的新觀念，認為動脈硬化其實是一種新陳代謝的疾病。主要的關鍵器官是肝臟，肝臟的作用是將膽固醇轉變成膽汁酸，經過膽管膽囊，然後再經由腸子排出體外。

HGH 的作用，是可以增加肝臟細胞裡的 LDL 接受器的數目。因此，可以增強這種新陳代謝作用，而將 LDL 轉變成膽汁，從膽囊中排出。但飲食中也要配合高纖維（車前子或幾丁胺糖）才能吸收這些膽汁，不被小腸門脈再回收，又回復原狀。 LDL 若不排除，特別是氧化物的 LDL 更容易引起動脈粥狀硬化與中風等心血管毛病。（如下頁圖示）

6、HGH能促進心肌、肺臟細胞的生長

1996 年新英格蘭雜誌就報導 HGH 對心臟衰竭的病人有恢復的效果，這是由於 HGH 使得心肌細胞的活力增強，同時細胞的尺寸也變大；左心室肌肉也變得比較厚實。因此可以增加心臟的每分鐘血液搏出量及每次搏出量。 HGH 使得心臟功能增強、運動能力增加。

HGH 也可以增加一個人的肺活量（吸飽氣再吐出來

的空氣量），也可以增加肺臟 FEV1（吸氣後第一秒最大
呼出量）強迫性吐氣量，美國北卡羅萊納州立大學醫學
院內分泌科主任 David Clemmons 發現，對慢性侵入型
肺病 (COPD) 體重已嚴重減輕的末期患者，補充 HGH 三
週，患者呼吸能力惡化程度有所改善。HGH 已初步發現
能使肺部組織再生，改善增進肺的功能。

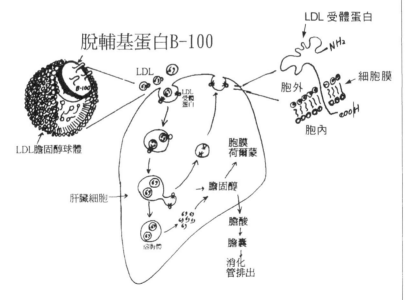

本圖為低密度膽固醇之受器路徑

7、HGH能夠增進及恢復記憶力，幫助睡眠

　　隨著年齡增長，腦細胞逐漸衰退萎縮或死亡；特別是壓力與電磁場環境所造成的自由基在人體生成，嚴重破壞人腦的細胞，一步一步造成整個腦組織的萎縮。人腦雖小，但是大部份的氧氣皆在腦部消耗，壓力造成人的腎上腺素與正腎上腺素的分泌，這類荷爾蒙會使血管收縮，造成血管堵塞，使腦部微血管逐漸的壞死。

　　人一過 35 歲，每天有將近十萬個腦細胞衰亡，血液流動不暢通又造成活性氧的發生，這活性氧也就是自由基，到處破壞細胞的結構。

　　由於 HGH 能誘發自體合成 SOD 來清除自由基並抑止自由基誘發細胞的蛋白質分解，又能促進腦部血管的新生；能夠刺激腦細胞的再分裂生長，修補及再生，又因心臟變年青有力；使得腦血管供應新鮮的能量很充分，

因此能夠增強及恢復記憶與改進思考及分析的能力，幫助意志力集中。

人的思考與記憶力靠著腦細胞裡的乙醯膽鹼來傳導，乙醯膽鹼係一種神經傳遞物質；而 HGH 促進腦細胞裡乙醯膽鹼的製造，而有助於增強記憶力。

HGH 對腦部的作用，還可以幫助抵抗壓力，又能提升精神，我們腦中負責大量無意識記憶的是海馬體部份，HGH 就能活化這些海馬體的細胞。

從上面所論的這些作用，HGH 在醫界被認為還可用來預防或治療老年癡呆症。另一方面，有研究資料指出，**HGH 會促進腦內 β - 內啡汰的分泌，降低多巴胺，使人容易放鬆精神，並有良好睡眠，幫助穩定情緒，使心情好轉，也是抗憂鬱症的好幫手。** Astrom.C 醫師等人也在神經內分泌學刊物中提到 HGH 能增加睡眠中 REM

（眼球速動）期時間達到 27 分鐘，這段 REM 期是對人們的記憶學習與性荷爾蒙分泌有促進的功效。

8、HGH能夠增強性能力及促進性慾

補充 HGH 一段時間後，不但體能明顯改善，在男女兩方面，皆能提升性慾。這是因為年齡增加，性荷爾蒙分泌越來越不足，男性就會發覺自己不易勃起，女性則陰道分泌潤滑液變少；又因體力變差，性生活情趣變劣。

當補充 HGH 後，會提升性荷爾蒙的自然分泌，並強化甲狀腺素的正常分泌，性慾配合體力的增進，一方面對男性可延長性器官行房的持久力，對女性則增加高潮的次數；因此被認為是目前所知最有效的催情劑。特別是大部份補充 HGH 的老年男性皆表示能重振雄風，女性認為會重享性生活樂趣。近來研究發現，一種稱為 VIP

（血管活性腸道縮胺酸）的物質，在尿道周圍血竇中濃度對勃起有關，VIP 注入竇中，會引起勃起。因此筆者個人推想 HGH 對各種縮胺酸合成有正面促進功能，因此，提高 VIP，對勃起有助益。

1996 年泌尿科學期刊就報導老人陰莖尺寸因老化縮短，但補充 HGH 後就恢復其原本尺寸，有些醫療報導指出不論男女，補充 HGH 後男性陰莖、女性陰核皆會恢復年輕時的大小。

統計上顯示，性能力強的男人其壽元皆較長，男人若開始性無能，其壽命通常不會超過 20 年。在泌尿方面，HGH 也會減低夜間頻尿的次數，非常明顯，讓每晚須要常常起來的人，擁有美好的睡眠品質。

9、HGH直接刺激促進新的骨骼生長

HGH 促進新的骨骼生長；對身長遲緩的小孩有促進

作用。同時 HGH 又能增強骨骼對於維他命 D 及鈣質的利用，提高鈣、Osteocalcin、兩種膠原蛋白的含量；來增加骨骼之密度，防止骨折。骨質密度若減少 10%，則容易造成骨折等意外機率提高一倍，對年紀大的人威脅很大。

瑞典研究小組使一位 HGH 嚴重不足的女性，以 HGH 補充療法後，竟長高 4 公分，這是因她的椎間盤骨骼礦物質與蛋白質結合後，能保留更多水份，於是由於脊椎長度增加而身高長高了。

IO、HGH幾乎可以使身體的每一個器官，都再重新生長

補充 HGH 對所有受傷（骨折，外傷與手術後，燒傷）的傷口癒合復原有極明顯促進效果，HGH 能快速癒合切開的傷口，增強骨折後骨骼的支撐力，改善手術後肌肉退化無力之情形。

　　主要是 HGH 使身體對蛋白質的保存與利用的效率提高；由於 HGH 與其誘導出來的 IGF-1 、IGF-2 等生長因子，對身體的任何隨著年齡增加而逐漸衰退的器官；包括腦部、心臟、肝臟、脾臟、肺腎臟等，皆能重新修復再生長出年輕的器官來。

第五節：HGH是藥物還是營養補充劑？

　　HGH 補充後數天至半年有明顯的效果，依使用者問卷統計資料，簡述如下：

數天至第一個月內

- 睡眠品質提高
- 易恢復疲勞
- 多年偏頭痛消失
- 心情較好，情緒穩定
- 性能力增強
- 皮膚感到較細膩
- 夜間頻尿減少

第二個月

- 體能增強
- 增加骨質密度
- 肌力增強
- 改善運動耐力和復原能力
- 精神及反應更敏捷
- 記憶力增強

- 頭髮和指甲生長速度加快　　・有耳鳴症狀消失

第三個月

- 改善荷爾蒙分泌平衡　　・脂肪明顯減少
- 皮膚黑斑減少　　・肌肉結實
- 恢復皮膚的光澤　　・情緒提升
- 頭髮增多　　・腰圍減少
- 骨質疏鬆症明顯改善

第四個月

- 增加性生活的快感　　・改善復原的能力
- 改善粗糙的皮膚恢復光澤　　・黑髮重生
- 降低血壓　　・縐紋減少
- 增強抵抗力　　・有超強之耐力
- 改善血糖（控制糖尿病患者之血糖）

第五個月

‧感到青春充滿活力，脂肪繼續減少，肌肉增加和智力增強，精神愉快和體內充滿活力。自己覺得本身像個超級男人、超級女人；像年輕了 20 歲，這樣多的好處，為什麼停止使用？

副作用

1. 自從 1958 年開始到現在為止，經過 41 年這麼長時間的使用，所有的報告都指出使用正常劑量的 HGH 並無任何的副作用。

   日前所發現副作用都是因為使用超大劑量所造成，會造成水腫，及關節疼痛。有些職業健美人士濫用注射達六千倍之注射量，會產生如腕穴症或胸部脂肪之增長。

   一般醫師在注射都嚴格控制劑量，口噴式劑量

也都控制在極安全的範圍內。原本有慢性病患者，對醫師原開具的藥品要繼續服用，但與補充 HGH 的時間能錯開一段時間，同時也要在開始補充時以較低劑量補充，等身體適應了再增加到正常使用劑量，既安全又較能獲得良好效果。

2. 由於 HGH 和胰島素有拮抗作用 (antagonism)，因此初期研究 HGH 療法時，有些報告發現糖尿病患者在使用 HGH 後，血醣值會升高一些，因為胰島素會使血糖降低，將糖份轉成肝糖與脂肪組織；而 HGH 是促使脂肪組織分解，使脂肪變成有機酸燃燒掉，兩者作用路徑剛好相反。所以肥胖的糖尿病患者使用 HGH 時會暫時出現此種血醣值會升高一些現象，這些報告是在以 HGH 做短期治療時發現的。

但是班森醫師在沙卡蘭斯卡醫院對 333 名患 HGH 缺乏的患者做長期的 HGH 補充療程研究後發

現，這種現象在初期數週血糖確實有些許升高，但這些患者在繼續使用 6 個月後，血醣就會恢復正常。

近年來也有一些報告指出 HGH 對成年人初期糖尿病有治療效果；班森醫師認為這是因為在使用 HGH 後，身體脂肪已經減少，肌肉瘦肉份量增加，HGH 將脂肪組織分解的代謝作用已經減少，因此胰島素的作用就很有效率的發揮出來。

一般認為由於隨著年齡增長， HGH 的分泌減低，因此在腹部積存大量的脂肪，這樣會使得胰島素的作用跟著減低；因此，這些腹部肥胖者的血醣會稍高。如果補充適量 HGH 的話，那麼他的血醣值會減低，而不是升高。最近也有幾篇報告發現在第一型醣尿病的患者，在補充 IGF-1 以後，可以減低使用的胰島素的劑量。

最近所做的研究皆指出 HGH 會提高胰島素感應受體的敏感度，使糖尿病患者漸漸改善不需要補充太多胰島素來將血中的糖分轉移到肝糖或脂肪組織去；又因為補充的 HGH 促進肌肉的增加與體脂的減少，糖尿病患者對胰島素的需求量也就會降低，病情能在一些時間後改善，補充 3 價鉻離子，也會提高胰島素受體的活性，這也是近期的發期，供大家參考。

3. 癌症方面，至今還無法證明 HGH 直接與癌症有關，也沒有人知道 HGH 是否與癌症有直接的關係。幾乎所有的菁英學界都認為因為 HGH 能活化人體各器官，增強免疫系統，因此可以用來抵抗癌症及預防癌症。像台大公共衛生學院院長陳建仁最近發表的「台灣主要癌症之後天與遺傳因素影響報告」中指出人類血清中男性荷爾蒙濃度過高，易得肝癌，但

體內有 CYP. GSPM1 解毒基因則可解毒」。一般以固醇類的荷爾蒙和癌症關係較常被報導。

雖然「Immune system support」曾報導指出癌症患者服用及注射 HGH 的禁忌；但是到目前為止，所有的報告都顯示，一日注射用量 (330,000 － 1,000,000ng) 的 HGH 並無任何副作用；經深入的調查，唯有長期使用過量的劑量才出現不良的副作用；關於癌症患者，尤其是前列腺癌的病人，該文作者不建議服用。雖然有一些這種保守性的文章出現警告大家，總是小心不為過。

但至今筆者寫此文時，還沒有任何證據顯示HGH 與任何的癌細胞生長有關聯，反而是報導有抑制癌細胞生長的功能。像瑞典卡羅林斯卡醫院的里芝恩博士，就指出從 1988 年，有 15 萬人經 HGH 的治療，其統計顯示惡性腫發生率，一直是相等於或

少於一般大眾的罹患率。

　　法國方面，根據 1959 年至 1990 年，共 30 年的 HGH 治療對像做調查，發現 HGH 對白血病、淋巴腺瘤、及其他腫瘤皆無加重的現象。日本 1998 年則有發表患者對使用 HGH 劑量的多寡，並不影響末稍淋巴球 HPTR 的突變頻率。美國賓州大學還發表 HGH 對腫瘤有抑制的現象。

　　美國抗衰老權威 Edmund Chein 醫師的報告中，證實 800 多位定量使用 HGH 的患者中，幾乎沒有人得到癌症。還有一位個案是初診時其 PSA （攝護腺特定抗原指數）的指數介於 50 之間，正常值應在 4.0 以下，切片檢查也確認是攝護腺癌，但該患者拒開刀，並要求 Dr. Edmund Chein 給予 HGH 等 HRT 治療；只不補充睪固酮，結果治療後該患者 PSA 值反降至 5~7 間，緩和了攝護腺癌，Chein 推

測是 HGH 刺激免疫系統，來對抗癌細胞。

4. 懷孕與哺乳中的婦女，因為尚未有這方面詳細安全無慮的研究報告，故目前不建議使用補充 HGH。

5. 對患有肢末端肥大症 (Acromegaly) 者不宜使用，這些人是腦下垂體有異狀，使 HGH 分泌太多，反而引起的病症。台灣地區調查約有百多名此種病例，以往以「下視丘生長激素抑制因子」來控制，因作用時效較短，現在是以瑞士的山德士藥廠出品的 SMS 201-995 藥物來治療。

HGH的化學成分與構造及使用上的區分

HGH 是人體本身自然會生產分泌的天然物質，成份是完全的純蛋白質。其組成份子是 191 個胺基酸所串接起來的分子。分子量約為 22,000；分子中第 50 個胺基酸與第 165 個胺基酸間，以及第 182 個胺基酸與第 189 個

胺基酸間有兩個雙硫鍵接在一起；其形狀好像一尾捲曲的響尾蛇。

由於 HGH 有這般特殊的三度空間結構，使得 HGH 有其特別的功能；蛋白質捲曲的形狀，千奇百怪，而這些東西，一般又容易分解，變成人體組織的原料或是候補的燃料能源之一；是上帝創造的絕妙多功能生命材料。以成份來說，它是食品三大類的蛋白質；分解後又是純胺基酸爲食品類無庸置疑，生物毒性可說極低，在安全上無慮。若以功能性來說，它是人體內分泌的主角，使身體的新陳代謝順利進行，並不只是補充人體的營養食物；人體自會利用各種胺基酸來生產分泌，並不是外來的異種物質；這與一些造成人體中毒的蛇毒等蛋白又不同。因此，要強將 HGH 分類爲食品的營養補充劑，或是歸於會造成人體生理變化的藥物類是見仁見智。

有的是以其使用的單位劑量來分類或以注射法或食

用法來分辨。如果，**要注射 HGH 需要有醫師的處方，才能使用。美國有些研究單位與大藥廠已開發出經舌下黏膜吸收 HGH 或 GHRH 釋放素的技術，對一些視打針為畏途的追求青春與美麗的人士，是一大福音！**同時，注射 HGH 因為劑量較高，會使 IGF-1 濃度提高到 300%，而美國較標準的 CGMP 藥廠所製的口噴式 HGH 產品，則使 IGF-1 提升 72% 左右；對於正常狀況下成人 IGF-1 基本值 250ng/ml 來看，比較安全。有些研究單位疑慮若男性 IGF-1 的濃度超過 600ng/ml 時，有可能引起攝護腺腫瘤顧慮。美國抗老化專家 Dr.Roy Dittman 就提倡以口噴式微稀釋 (Micro-dilution)HGH 來補充，比較能使 IGF-1 控制在較安全的範圍內。

　　台灣對於健康食品類有嚴格的管理規範，尤其是其安全性評估方法，有明確的法規；共分成四類。對毒性測試有一套標準，讀者可上網查詢。如果要強調有調節

血脂、改善骨質鬆散、免疫調節等項目；都要做完整的毒性試驗，並經申請驗證通過才能獲得健康食品的認證。

本文主要是提供最近有關 HGH 的各種資訊報導，並未特別推薦 HGH 有任何醫療疾病的功效。如果讀者有意補充 HGH 來做爲幫助恢復健康的營養補充劑，筆者仍希望讀者與各別的專科醫師請益，如此使用者才比較安全無慮，並能充分發揮 HGH 的眞正效果。

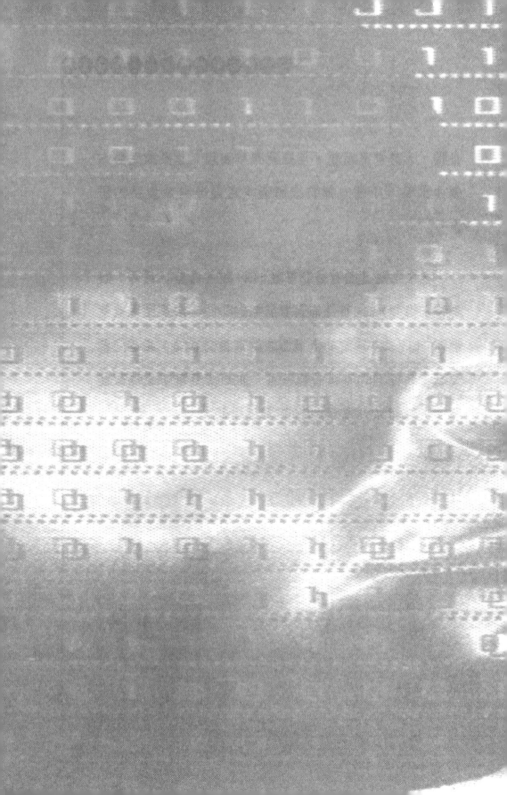

第五章

有關HGH應用的新專利技術

敬畏上主的人，延年益壽；

邪惡人，命短福薄

箴言十：27

　　以往 HGH 的補充，皆以注射方式來進行，價格昂貴，每個月非新台幣三到五萬元的費用才可行；同時需要醫師或藥師的注射，由於爲了人體的安全起見，事前必須有一套檢驗身體的措施；如此當然較費時費事，但若 HGH 因無管制而爛用也極不宜。

　　所幸，由於 HGH 補充療法，使用 (LD-HF) 低劑量高頻率的使用療法，經過多位醫師反覆臨床治療，確認能降低副作用的發生率；並藉由生化科技中蛋白質工程 (Protein Engineering) 的技術日新月異，降低了生產成本，使一般民眾也開始能享受此項恢復年輕的好處；同時，自 1995 年起，**歐洲內分泌一些期刊，就有許多關於 HGH 釋放素或 HGH 釋放呔的報導；這些物質能刺激誘發腦下垂體前葉分泌較多的 HGH，使得直接補充 HGH 這種貴得一般人較裹足不前的治療方式有新的突破，藉著這些特殊縮胺酸，及配合較低劑量的純 HGH，一樣能達到**

補充缺乏的 HGH 到年輕人的水準。

　　同時美、加兩國也在不久前，開創出口噴式舌下黏膜吸收方式的技術（詳述於下一節），不只是將 HGH 以簡單方便，省時省錢的傳輸方法傳輸到人體內，讓一般大眾也能開始享受它帶來恢復青春、美容、瘦身、抗老化的好處！同時這種舌下黏膜吸收方式的技術，也對一直因嚴重的糖尿病而必須時常注射胰島素的患者，提供方便又不會疼痛的治療。

　　但不論是注射也好，口服也好，要使 HGH 發揮效果最好是睡前補充，而睡前宜空腹，離晚餐 3 小時以上；若上夜班，則於白天睡前也勿飽食。年紀大的須補充多些則最好於睡醒再補一劑，要間隔 1 小時後再吃東西；飲食宜以蛋白質爲主，並配合水果更好，若有喝咖啡或紅茶則不可加糖（一點點糖精無礙）。

適當的運動；尤其是早上補充 HGH 後一個小時的運動，會使促進 HGH 分泌的效力更高。以上諸點更是欲減低體脂肪組織者絕對要遵守的使用原則。

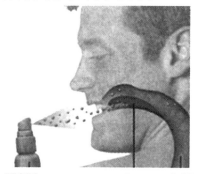

HGH　　　　舌下　食道

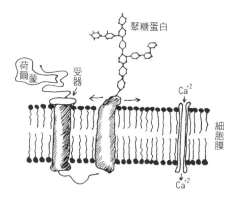

細胞膜之受體，負責胞內胞外物質傳輸及各種荷爾蒙物質的信息傳送。

第一節：人體細胞間傳輸技術

由於 HGH 的分子量達兩萬兩千，這一種大小就不是一般口服藥丸或膠囊能夠被人體吸收的。有一些小分子的激素或能以口服膠囊製成，或利用皮膚滲透方式完成；只是 HGH 要用以上方式被人體攝取是行不通的。

有些廣告標榜能以乳霜或膠質塗在身體某部位，藉此來穿透皮膚表層，但生長激素是不能用這種方式進入血管的。

一些荷爾蒙以蛋白質方式存在時，當它被吃到肚子裡，就會被分解成小段縮胺酸，或進一步分解成胺基酸，這些東西已經和原來的荷爾蒙物質完成是另外一回事了。這些分解物質經小腸吸收後再流到肝臟，於肝臟中貯藏或分派到身體各部利用。游離的胺基酸在體內太多並不好，太少則沒助益人體，要適當才合宜。

最近，有一些攝取實驗室研究發現，一種稱爲 Poly-mer Matrix（聚基質）的糖蛋白質，應用在有糖尿病的老鼠身上，發現老鼠被糖尿病所破壞的腎臟基層膜（ Basement Membrane ）會復原。

在實驗室中我們將六隻有糖尿病的老鼠分爲兩組，第一組老鼠每天給予胰島素注射，六個月後，發現每隻老鼠的腎臟都有明顯的糖尿病特有的血管病變—巨脈症(Macro angiopathy)，它們的腎臟基層膜都變厚，小便中檢驗出有蛋白質；這些老鼠在以後的九個月中，除了使用胰島素外，另外再加上注射 Polymer Matrix。九個月後以腎臟穿刺切片檢查，發現它們變厚的腎臟基層膜都完全復原，小便中也不再有蛋白質。

第一組老鼠從一開始實驗即給予 Polymer Matrix 注射，在實驗結束，經腎臟穿刺切片檢查，完全沒有發現任何病變。

芝加哥伊利諾大學最近利用這個傳輸系統，對胰島素在糖尿病的作用上作了一些研究，它們利用患有糖尿病的紐西蘭白兔分別經由氣管內吸收法，給它們三種不同劑量的一般胰島素以及用 Polymer Matrix 聯接著的胰島素，它們發現有 Polymer Matrix 聯接著的胰島素的效果要比一般的胰島素好很多，在降低及維持低血醣值方面，有 Polymer Matrix 的效果要強兩倍。另外它們還比較了注射胰島素藥劑與使用 Polymer Matrix 的胰島素的效果，同樣發現有 Polymer Matrix 的胰島素效果比注射劑還要好。

Polymer Matrix 是陰離子型的聚糖體，它的作用是增加細胞膜的透析性，因此可以讓大分子的蛋白質及荷爾蒙經細胞膜的透析而被吸收。這種細胞間傳輸的技術，也應用於 HGH 及其他縮胺酸的體內傳輸作用上。

以往爲了將藥劑或營養物經針筒注射方式輸入體

內，而讓人引起緊張與疼痛；但是這種生物蛋白質工程
的研究發展，又令我們有了舒適與簡便的體內傳輸方
式。這樣又能避免因為針頭注射造成的細菌或病毒的感
染；實在既方便又安全，這方面正方興未艾的繼續發
展。

今年（2000年5月13日），各大報皆有一則新聞，
由倫敦美聯社報導：『科學家表示，一種實驗中胰島素
口腔噴劑已顯示有希望成為糖尿病患者注射胰島素的代
用品。這種新研究設計的噴劑，噴入嘴裡，由雙頰等黏
膜吸收，口腔噴劑是全球科學家正在進行研究的胰島素
注射替代的產品之一，……耶魯大學教授、美國糖尿病
協會主席謝爾溫醫學博士說此種新式胰島素口噴劑似乎
令人鼓舞，…，許多方法還繼續在實驗中。』

胰島素與 HGH 皆是大分子的蛋白質，只有藉著這種
具有特別表面電荷，及有細胞表面受體活性的特殊立體

結構糖蛋白分子，才能夠將這些大分子的荷爾蒙物質，由口腔黏膜組織帶進身體裡面。前目，將 HGH 利用 polymer Matrix 來傳輸到人體，在美國伊利諾大學醫學院有初步的進展， HGH 本身不是一個不穩定的分子，將它和 Polymer Matrix 結合後，較安定。實驗報告指出經口腔黏膜吸收後，體內血清中 HGH 濃度提高，表示已有初步成效；這方面繼續發展，傳輸的效果會更成功。

胰島素以注射方式與用Polymer Matrix包覆舌下吸收方式兩者對血糖濃度的調降效果比較圖

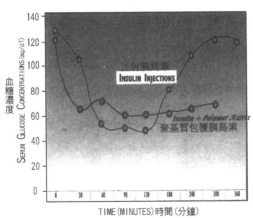

注射胰島素這組血糖濃度起伏大
以 Polymer Matrix 包覆胰島素這組血糖濃度較平穩，因為 Polymer Matrix 能使胰島素慢慢釋放，效果較長。

第二節：Target Activator-5 刺激腦下垂體分泌生長激素的效果

HGH 分泌的腺體本身若老化，如果沒有一些刺激來活化其功能，一味靠外來的 HGH 補充，將來造成 HGH 的賴藥性會更嚴重，這一點使我們有更多顧慮。**因此少量補充 HGH，活化其本身的感應受體，再進一步以誘發性的三聚縮胺酸，來增加腦下垂體前葉的分泌天然自產 HGH 是上上之策。**同時，HGH 本身非常不穩定，藉聚多糖的舌下粘膜傳輸，其效率雖有但仍不夠好，所以尋找上游的 GRH 釋放激素類，來加強腦下垂體分泌自產的 HGH 當然更理想。

Target Activator-5（目標活化劑 5 號）簡稱 TA-5；是種由美國一家生技公司 ACTIVOR CORP. 新近研

究出來的三聚縮胺酸組合，它每個分子含有三種胺基

酸；它的特殊三度空間結構，能與腦下垂體前葉分泌生

長激素的感受器相結合，就像是用一把副鑰匙打開腦下

垂體前葉的 Somatotrophes 增加分泌生長激素，同時，

TA-5 也能刺激肝臟分泌 IGI-1 這種非常重要的生長因

子。

　最初研究報告發現，當我們以 Polymer Matrix 包裹

TA-5 給實驗者使用（每天 TA-5 為 30ng 劑量後），經

六週後發現，血液中的 IGF-1 會比對照組增加 28%；如

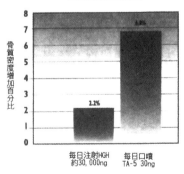

骨質密度比較表

Note: TA-5 required only 30 ng/day to achieve 3 times the bone
density increase experineced with approx 300,000 ng/day of GH

果每天除了補充 TA-5 以外，再輔助合用 20ng 的特別胺基酸時，則 IGF-1 會比對照組增加得更多，達到 50%。另外還發現實驗者的瘦肉組織（lean muscle mass）增加 2.2%，脂肪減少 6.8%，以及使體重明顯減少 12.9%。

TA-5 的研究已證實它可以刺激增加 HGH 的分泌，並刺激骨骼中正在增生的軟骨細胞局部製造 IGF-1，而此 IGF-1 更可以促進造骨細胞的生長；防止骨質疏鬆症的發生。當骨質密度增加時，不但可以減低骨折的危險，同時，使得皮膚變得更年輕，有彈性，皺紋也會消失。當骨質流失時，（如下圖）大量的鈣及磷被轉移到其他身體組織腦、關節、及動脈中，因而產生許多早衰性病變，諸如關節炎、骨質疏鬆、肺動脈及腦部鈣化等現象。

以上這些新研究報告皆對自 20 歲開始就漸漸減少分泌 HGH 的我們，又開創出一條簡易方便的補充方法。

　　在美國，最近又剛完成此 TA-5 對身體內效果之研
究，報告指出以 7 位男性及 8 位女性為臨床研究對象，
年齡由 32 歲到 70 歲（平均 55 歲）。給每人服用以
POLYMER MATRIX 包覆之 TA-5 五週，發現 IGF-1 由服
用前的平均 169.8ng/ml 提高到服用後的 202.4ng/ml 平均
IGF-1 增加了 40.4%，膽固醇由服用前的平均 241.1mg/dl
降到服用後的平均 218.4mg/dl，下降 9.2%，瘦肉組織由
服用前的平均 54.3% 提高到服用後的 56.50%，增加 4.1
%，脂肪組織由服用前的平均 24.9 降低到服用後的 21.

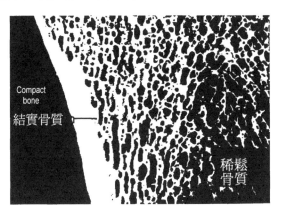

左邊為結實的骨質　右邊為衰退的骨質

6，減少 14.8%。而骨質密度由服用前的平均 0.75g/cc 提高到服用後的 0.85g/cc，提高了 12.8%，效果非常良好。

這一種 GHRH 補充方法，可以避開直接將 HGH 注射到人體後造成所謂的賴藥性，若一直靠外界直接補充荷爾蒙，常常會讓分泌這些荷爾蒙的腺體休息而不再分泌，就反而造成另方面的麻煩。因此，利用補充 TA-5 這種小分子的縮胺酸，以促進腦下垂體前葉分泌較多的 HGH，就比如給腦下垂體按摩一樣，不致使腦下垂體因為外界一直補充足夠的 HGH，而使腦下垂體覺得不再需要分泌，造成該腺體的惰性；因此，補充這種三聚縮胺酸類，間接提高 HGH 的分泌，倒是較穩健的一種做法。

2000 年 9 年 14 日，美國匹茲堡大學醫學研究人員，在綜合精神病學檔案檔案期刊，發表一篇報告，該文指出，以 119 名兒童為研究對象，使用 GHRH 這種 HGH

的釋放激素給這些因為家族有情緒失調病史而罹患憂鬱

症機率較高的兒童服用。服用後測量其 HGH 之分泌量，

發現比對照組明顯減少。對此結果，波馬赫博士認為

「由這些發現，顯示服用 HGH 的釋放激素，若無法使

HGH 分泌增加，是兒童罹患憂鬱症的徵兆。」因此，

HGH 若能加以補充，對憂鬱症有改善的效果，當我們無

法藉 GHRH 這類縮胺酸來刺激腦下垂體前葉分泌 HGH

時，只有直接補充 HGH，或找醫師研究是否刺激 HGH

分泌的感受體有問題。

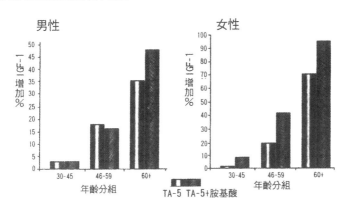

年紀愈大的人，效果愈顯著，尤其是女性，只要在
TA-5加上綜合胺基酸，效果能達到提高100級

第三節：HGH對生體內部平衡、穩定性之影響與其整合傳輸技術

　　生物體有它們自己的內在環境，必須與外在變動的環境相協調之下才能生存。要存活下去必須要維持恆定性；例如體內液體和鹽份的平衡，在恆溫動物中還要對溫度嚴密地控制，調節細胞內化學物質的可用性與效率。變溫動物的體溫，因外界環境而改變；相對的，它們代謝的維持也較容易受到外界的影響。內在環境的控制是經由各個不同系統的協調來達成：有神經系統、生化系統和生理系統。這些系統的基本構成要素有以下各項：

1.訊號 2.轉換器 3.感受器以及 4.反應器

訊號可以用電子脈衝或是生化物質表示，例如神經

傳導物質、荷爾蒙、或是抗原等。**轉換器是目前所知甚**
少的配對系統，它們將一種形式的能量轉換成另外一種
形式，例如把電子脈衝轉換成特定量的化學傳導物質。
而感受器幾乎是蛋白質中的受器部位，它們會辨識與它
們結合的特定訊號。然後轉換器再將之轉換成另一種電
子或化學反應。反應器是細胞產生最終反應的構造，此
種反應可以是荷爾蒙或神經傳導物質的釋放，或抑制其
釋放。

　　生物科技中，蛋白質合成技術是極為先進且富挑戰
力的。像 1997 年諾貝爾獎得主普西那博士就是因發現腦
細胞蛋白變形的 PRIOZ 而獲獎，蛋白質因為有一定的折
疊形狀 (Folding) 才能顯示出它的物理化學性質，PRIOZ
會因人類遭到壓力時變形而使身體受損；但是人也會因
應趕緊生產出抗壓力蛋白質來填補受損的蛋白質部位，
以免造成空洞化而變老年癡呆症等腦部病變。所以蛋白

質原料的充份補充與 HGH 的協助誘發合成，是健康的維護極重要的一件事。

　　人體中的新陳代謝與蛋白質在細胞間運補傳輸加上神經傳輸的訊息，就有很多是利用蛋白質三度空間結構所形成的鎖與鑰匙的關係來做控制；較詳細說明之如下：

　　誘發物（如 GHRH）接觸到（甲）受體 (HGH) 後，引發（甲）分泌 HGH 物質出來，接著此物質接觸到（乙）肝臟 IGF-1 分泌受體，引起（乙）**分泌生產物質** IGF-1，當 IGF-1 在血液中濃度達到一個程度時接觸（甲）抑制受體 (HGH)，通知甲停止分泌 HGH，如此，HGH 就不會分泌得太多也不會太少，如此完成一個回饋控制。

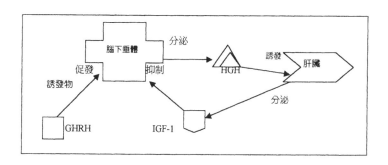

　　因為，所有細胞的表面都有感應的受體存在，而且受體又多是蛋白質所構成；**受體受損，如果沒趕緊修補起來，很多後續的生物化學反應就會中斷，**由於 HGH 與 IGF-1 是修補這些蛋白質的第一線誘導體；充分供應 HGH，讓胺基酸能於細胞間迅速補運，才能維護人體正常的新陳代謝與青春活力。

廣受歡迎的新一代口噴式HGH補充劑

　　最近的臨床研究發現，Polymer Matrix對於促進HGH被人體的吸收有很大的幫助；所有的研究對象在使用HGH以前，他們的血液中生長激素值很低，但在使用

Polymer Matrix配合的HGH以後，50%的人血液中 生長激素含量大量增加。

Polymer Matrix 配合 TA-5 經過人體舌下黏膜細胞 吸收後，會與腦下垂體裡特殊感受體相結合，因而刺激 分泌更多的生長激素，由誘導出的 IGF-1 增加，可知效 果極為良好；研究人員又發現，加入特定的胺基酸（特別 是精胺酸、烏胺酸與離胺酸等），這些東西是供應腦下垂 體前葉分泌細胞製造生長激素所需的原料，可以增強 TA- 5 誘導 HGH 增加分泌的效果。

此三項物質 (1).HGH(2).TA-5 及 (3).複合胺基酸等 加在一起，透過 Polymer Matrix 傳輸入體內，就會在腦 下垂體前葉內，形成一種非常強而有效的製造分泌生長 激素之作用。

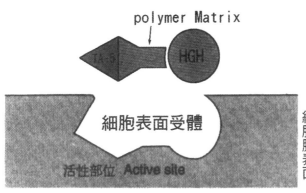

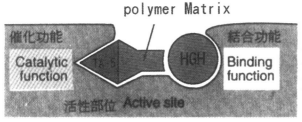

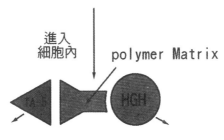

Polymer Matrix結合HGH進入體內簡釋

（本圖只是做比喻，詳細機構因有專利權，未能明白解析出來。）

後記

　　筆者在本文中，一直以物理與化學的機械方式，來談生長荷爾蒙的零零種種；自從研究醫學的元老笛卡爾，以解剖學的方式，來探討人類大腦與心靈的關係，到目前為止，還是未能找到心靈與肉體的介面。

　　在西方學界自然科學當家的今日，人體仍然是被當作「機械性客體」來做研究。人類已經有能力複製自己；老化的機構也快被解明。但科學家若一直停留在複製生命、延長生命的圈子繞，無法提升人類的靈性與情懷，也是一種災難。

　　中國一句俗語：「人生不滿百，長懷千歲憂。」西方聖經作者則說：「我的一生年歲不過七十，健壯的話可能活過八十，但所得到的只是勞苦愁煩。」從聖經中考察人的壽元，始祖亞當活 930 歲，兒子塞特 912 歲，接

下來最長壽的是第七代的孫子瑪土撒拉的 969 歲；聖經又說：「…人多了起來，…後來人類因為邪惡…上帝說：『人既然是屬肉體的，我的靈不永遠住在他們裡面；所以他們的壽命不超過 120 歲。』」挪亞因上帝的寵愛，仍有 950 歲的壽命，但自此以後就每下愈況了。以上帝最疼愛的亞伯拉罕也只活到 175 歲，特別一提的是他到 100 歲整，他太太莎拉 90 歲了，還能生小孩。

聖經這故事是指出人的壽元是因上帝的靈離去而變短了；若從本書的觀點來看，由於腦中腦下垂體前葉 HGH 的分泌因年齡大而變少，使得生長荷爾蒙等這些使人長壽青春的激素不足以修補復元，由此推想激發這些激素分泌的源頭就與上帝的靈有接點了。

腦下垂體是人類內分泌的總中樞，而控制分泌的釋放與制約因子在下視丘，這些因子皆為縮胺酸所組成，每一個縮胺酸所對應的 DNA 密碼就很小，這些密碼的開

關與控制，應該與所謂的「心靈」有關係。

筆者曾經學習靈修靜坐，而進入某種所謂的「氣功態」，一時之間一種慈悲與大愛的感覺籠罩全身。當時，原有一些宿疾如偏頭痛、鼻竇炎等竟在不久後不藥而癒。筆者覺得下視丘應該是肉體與心靈之間的一個介面 (Interface)，透過心靈的改造，使神經系統釋放出來微小的化學物質，會誘導基因中隱藏的偉大潛在的基因解碼。

目前 DNA 序列剛初部出爐，只是文字中單字出來，其文法、造句尚未明瞭。在高等生物的人類 DNA 中，有很多基因組是跳躍式的一段去接另一段，這中間存在許多進化的軌跡；到目前為止，仍然只有小部份能夠完全了解其功用，一些未知的基因片斷中，或許就隱藏著肉體與靈魂間的協定語言 (Protoco)。

當人的腦波在不同的形態下（α波、β波、θ波…），DNA 的解讀與釋放出來的訊息（縮胺酸）就會不一樣，這些縮胺酸就在下視丘等人類腦中之腦進行一連串的生化反應，藉著神經系統與內分泌系統改變人的肉體。如人類在深沉睡眠 δ 波下 (4Hz ～ 0.4Hz)，HGH 分泌很旺盛，在 α 波 (8-14Hz) 時，β 內啡呔就跟著出來；使我想起名作家曾坤章先生曾經在其大作『大進化』第七章中的描述：「大腦是一部接受器，腦下垂體是靈魂的總指揮中心，當腦下垂體被高頻率的思想激發之後，訊息將經中央神經系統傳至 DNA 裡，DNA 複製訊息再傳至靈魂而激發腦下垂體。一旦，腦下垂體完全打開之後，你將活在生命的實相裡，你將只有喜悅。」

也許，人類對 DNA 的了解越多，對生命的看法也會有進一步的認知。我們透過生物科技的進步，初步有 HGH 這種幫助人類提升生活品質的產品，確實能讓我們

延年益壽，但最重要的是，我們的人生是否能過得眞正有意義？不會讓我們後悔生命太長所帶來的煩惱越來越多！

感謝：

本文的完成，感謝張曉兄、石強兄提供歐美新的研發文獻資料，及張馥小妹協助打字等，讓本書早日完成。更蒙恩師林慶福博士賜導讀一篇及翁昭仁醫師、賴史明醫師代序，謹此致謝。

讀者若想進一步了解 HGH 方面的資料，後面列出參考書與文獻可以對讀者有幫助。

本書著作參考文獻資料：

1. Growth young with HGH   Dr. Ronald Klatz

2..Growth Hormone : The Secreat to longevity personal vitality   [Biophysix Inc.] Dr. Roy Dittman & Rick Hughes 著

3.Growth Hormone to Reverse Aging   [Alternative Medicine] Elmer M.Cranton 等著

4.Will growth Hormone prove to be the first "Anti-aging" meditation   [U.S Doctor] Edward M. Lichten. M.D 等著

5.Living Longer and Younger with Human Growth Hormone 【 Palm Spring Life Extention Institude 說明書】

6.Age Reverse Miracle? [Biotech News] Dr. Marsh 等著

7.The Growing Impact of Growth Hormone 〔Life Extention〕 Carol Kahn 等著

8.Growth hormone Reverses Aging Life Extention〕 Bengtsson 等著 瑞典哥登堡醫學院醫師

9.HGH 〔 Vitality Research Institute 說明書 〕

10.When "Old" means reaching age 12 Herbert Burkholz 著

11.What is Human Growth Hormone ? History of Growth Hormone Replacement Therapy 〔Patient Information Booklet〕 Swiss Rejuvenation Medical Clinic

12.Human Growth Hormone Replacement therapy in Aging Adults at the Palm Spring Life Extention Institute L. Cass Terry, M.D., Ph.D., Pharm. D.

13.Insulin like Growth factor-1 Blood levels are not associated with prostate specific antigen (PSA)

levels or Prostate Cancer　　L.Cass Terry, MD.,

Ph.D., Pharm. D

14. Metabolic Disease　　　Robert M, Cohn, M.D.

Karl S. Roth, MD. 等著

15. 一粒細胞見世界　　倫斯博格著　　　天下文化

16. 生命複製　　　　　吳宗正著　　　　大塊文化

17. 荷爾蒙與疾病　　　張天鈞醫師著　　健康出版社

18. 一個細胞的告白　　雷衛士‧湯瑪士　先覺出版社

19. 對腦造成影響的藥物　生田哲著　　　聯廣圖書

20. 荷爾蒙的奇蹟　　出村博著李毓昭譯　晨星出版社

21. 腦內革命　　　　　春山茂雄著　　　創意力文化

22. 生命的暗號　　　　村上和雄著　　　佳言文化

23. 惡魔的科學　　　　輕部征夫著　　　新雨出版社

24. 生物化學圖解 (Biochemistry Illustrated)

　　Peter N. Campbell. 等著　　　　藝軒出版

25. 超右腦革命　　　七田眞著　　　中國生產力中心

26. α 腦波革命　　　志賀一雅著　　　　世茂出版社

27. DNA 的語言　　　Robert Pollack　　天下文化出版社

28. 腦的構造　　　　新井康允　　　　　聯廣圖書

29. 抗老化聖典　　　Earl Mindell R. Ph. D.

　　　　　　　　　　　　　　　　　　　笛藤出版

30. HRT 抗衰老 Age Reversal　Edmund chein M.D.,

　　J.D.　　　　　　　　　　　　　　旺文社

31. 大進化（生命是什麼）曾坤章著　　偉誌出版社

32. 第六感官 (Love Scents) Michelle Kodis

　　　　　　　　　　　　　　　　　　時報出版

33. 內分泌學精義　　　江秉穎醫師著　　藝軒出版

34. 諾貝爾的榮耀－生理醫學桂冠

　　　　　　　　　　科學月刊著　天下文化出版

35. 諾貝爾的榮耀－化學桂冠

　　　　　　　　　　科學月刊著　天下文化出版

36. 糖尿病預防與治療　賴史明醫師　　　輕舟出版

37. 牛頓月刊　　　　　　　　　　牛頓雜誌社

38. 聖經　　　　　現代中文版　　聖經公會

下列資料爲石強先生採訪一些使用 HGH 的人，其受訪之反應，經其同意提供本書作者刊載以供讀者參考。

使用者心得

HGH使我身材、皮膚更美豔動人。

林鳳英　著名模特兒、演藝人員

自己實在是在偶然的機會下，用到 HGH 這個新生物科技產品。由於一位好友看到我前些日子，因爲作公司產品代言人與接戲拍片等工作煩忙，甚至常常日夜顛倒趕工；身體疲累，皮膚較受影響，所以從美國買了一瓶口噴式 HGH 給我使用，並指導我正確的使用方法；結果，我的同事們與化妝師都說我怎麼越來越美豔，連軋戲時，我都不覺得累。我們做模特兒對皮膚身材是最敏

感的，一點點也馬夫不得。如果，睡眠缺乏，皮膚就容易走樣；宵夜吃得多，身材一胖起來，瘦不回去就麻煩大了。但自我補充 HGH 後，身體體能變得更好；皮膚更細緻，彈性更佳，連我的化妝師都要我幫她們買 HGH。另外，我只要在睡前三小時不要吃高熱量或甜點類點心，其它時間，愛怎麼吃就怎麼吃，也不會發胖。HGH 對我而言，眞是我美麗的祕密武器！

HGH讓我精力旺盛

金鐘獎最佳綜藝節目製作人　柴智屏

　　常常在工作上都非常忙碌，也沒有時間運動，於是，在朋友的建議下，試用了本產品，漸漸發現，體質較差，血液循環不良的我，很快的感覺到血液循環變好，手腳不再冰冷，身體也健康許多，對於需要大量體力工作，又需要保持精力旺盛的人來說，是不錯的選擇！

惱人的偏頭痛不見了

張若倩小姐　公關業務專員　38歲　台北敦化南路

　　前一陣子，好多報導都刊載行動電話會影響身體健康，我因為工作關係，每天使用量很頻繁，故前陣子頭常常痛，而且到下午三四點就很受不了，我怕得很，萬一腦筋退化就麻煩了。由於朋友們介紹我用 HGH 口噴劑補充，能消除一些自由基，故我就嘗試了，大約第三天我的頭痛竟不再出現，再經過三個星期，竟然覺得皮膚亮麗起來，身體體能比以前更進步，我覺得還不錯。

讓我睡得好，精神記憶力恢復年輕20年

于老太太　72歲　台北虎林街

　　半年前，小兒常常看我夜晚睡不好，精神又差，很憂心，經其友人介紹買了一瓶口噴式生長荷爾蒙帶給我使用，小兒教我睡前把它噴在嘴巴舌頭下，一回按兩下就好了。說來頗神奇，第一晚就讓我享受到多少年來，已不曾有過的痛快睡一大覺！我繼續使用後幾個月下來，發現體力變好，雙腿比以前有力量；爬樓梯越來越輕鬆，這回暑假帶兩個小孫女到國外旅遊，走起路來一點兒也不輸年輕的小鬼們，心裡很高興小兒會給我這麼讓我窩心的禮物！

精力恢復快，腦筋更靈敏

工地主任　廖財源先生　37歲

以往是運動員出身，動作一向敏銳無比，體力也非常好，三五天熬夜趕工一點兒也不累；但35歲開始，確實體能有感覺走下坡，這是任何一個人皆不得不承認的事實；有幸經一位好友從美國帶來一瓶HGH給我用，起初有點兒懷疑，一次只噴兩下，又只有不到1CC，怎麼補呢？我衝著好友誠意，就噴起來，結果讓我有點感到不可思議，因為一星期下來，體力竟恢復得很快，精神很好，腦筋更靈敏，接著一個月下來，小腹的油減少了；漂亮的腹肌又隱隱若現，自己的生活情趣還比以往更棒，我真感謝老友帶給我這份好禮物，也請老友為我訂一些HGH以備繼續補充。

白髮轉黑、皮膚變漂亮、體力轉佳

張曉光女士　62歲　台北延吉街

　　小兒由美國帶來一種口噴式生長激素補充液給我進補，很方便，又清涼又香香的；用了後睡，體力進步，用了約兩月後，我到美髮院洗頭，小姐們都說我頭髮比以前厚，新長出來的部份還有黑色的，爭相問我是擦什麼保養品，我就賣關子說：「噴一種 HGH」。這些小妹妹們可把一些化妝品供應商問倒了還問不出一點兒名堂，如果對她們說把 HGH 噴在嘴巴裡舌頭下，我想她們會驚訝得說不出話來！我教小兒多買一些回來備用，我真覺得又年輕起來了！還有一個小秘密，用了 HGH，我打起牌來，體力也好，腦力也好，似乎愈來愈強，對手都覺得我怎麼愈來愈厲害，我真的愈用愈滿意！

黑斑轉淡、臉色變漂亮

沈祺　38歲　廣告人（職業婦女）

自踏入廣告界，〝熊貓〞這個名稱幾乎就跟著所有的『廣告人』，不是我們個個有〝熊貓〞的體形，而是經由長年日夜顛倒累積下來的『黑眼圈』，與『大眼袋』，讓我們在從事廣告工作多年後，都列入了『國寶級』。

由於長期不規律的生活方式，加上工作造成的身心壓力，使得不到38歲的我已經像四～五十歲的瘦小老太婆，皮膚又乾又黑，臉上更是毫無光澤。

偶然的機會，同行的好友讓我幫忙寫兩篇小品，在談話中我不經意地發覺她的臉色變得非常漂亮，以往幾乎天天熬夜的她，連黑眼圈也不見了；我好奇的問她近日來是不是太閒了？還是又談戀愛了？

　　她笑著告訴我兩樣都不是；而是因為她使用了自己公司代理的『ＨＧＨ—生命營養液』！並且仔細地解說了使用過後的效果。

　　開始使用 ＨＧＨ 時，我懷疑裡頭摻有安眠劑；因為平時很難入睡的我，竟可以熟睡得被蚊子叮都毫無感覺；但若真是摻了安眠劑，又為何在早上使用後，反而感覺神采奕奕？

　　經過耐心的使用兩個月後，我不單告別了『國寶級』的日子，皮膚上的光澤也漸漸亮麗起來，我與老公的體力也能像年輕人一般地輕鬆恢復，而讓我老公最開心的該是我那打娘胎出來就在臉頰上的『黑斑』，更是越來越淡了（因為，他覺得那兩『坨』是我此生唯一的缺陷），還在短短的兩個月裡增加了三公斤。

　　現在，我已經使用 ＨＧＨ 有六個多月之久，雖然依舊

經常熬夜，不但沒有出現黑眼圈，皮膚更是變得細緻有
彈性。

　　我感謝有 HGH 這麼好的產品，讓我和外子都重新擁
有年輕人的活力與精神；當然，女人嘛！臉上有了光
彩，對自己當然就更有信心。

國家圖書館出版品預行編目資料

給生命奇蹟的H.G.H／李邦敏著.
－－第一版－－臺北市：宇河文化 出版；
紅螞蟻圖書發行，2000〔民89〕
面 ； 公分－－（健康百保箱；23）
ISBN 978-957-659-218-8（平裝）

1.激素

399.54   89013954

健康百保箱 23

給生命奇蹟的H.G.H

作　　者／李邦敏
發 行 人／賴秀珍
總 編 輯／何南輝
文字編輯／林芊玲
美術編輯／林美琪
出　　版／宇河文化出版有限公司
發　　行／紅螞蟻圖書有限公司
地　　址／台北市內湖區舊宗路二段121巷19號(紅螞蟻資訊大樓)
網　　站／www.e-redant.com
郵撥帳號／1604621-1　紅螞蟻圖書有限公司
電　　話／(02)2795-3656（代表號）
傳　　真／(02)2795-4100
登 記 證／局版北市業字第1446號
法律顧問／許晏賓律師
印 刷 廠／卡樂彩色製版印刷有限公司
出版日期／2000年12月　第一版第一刷
　　　　　2020年 2 月　　　第六刷（500本）

定價 300 元　　港幣 100 元

ISBN　978-957-659-218-8　　　　　　Printed in Taiwan